365 天，打開眼界・探索 i 室設圈 7 大領域

從設計新鮮人到設計 CEO・必看！　從設計計畫到創業計畫・必學！

01　業界新聞　*News*

02　精選專題　*Topic*

03　深度訪談　*People*

04　營運智庫　*Career*

05　資料庫　*Database*

06　平面圖解析　*Ideas*

07　職場進修　*Class*

TINTA

金邸獎

2024 TAIWAN INTERIOR NEW TALENT AWARD

Go Beyond the
Design.

Go Beyond the
Vision.

→ Awards Ceremony
2024.10.15 Taipei

TINTA 金邸獎 空間美學新秀設計師大賽，以相信設計、是改變世界
的力量為信念。針對 **40 歲**（含）以下，亞洲青年新秀室內設計師
所設立獎項。

大賽透過長期的設計師服務，與青年設計師展開更深度的聯結，
也期待新世代的青年設計師，以獨特的溝通方式、嶄新的設計策
略，見微知著、解決問題，提供創新的空間體驗。

⊙ **相關諮詢及合作洽談**

如有合作需求，歡迎洽詢

E-mail：tinta@hmg.com.tw
電話：+886-2-2500-7578 #3471

Follow us for
the latest news

最新消息，歡迎關注！

TINTA FB

TINTA Website

www.tinta-award.com

室設圈
漂亮家居

洞見・智庫・生態系　　　　　　NO.6

創辦人／詹宏志・何飛鵬
首席執行長／何飛鵬
PCH 集團生活事業群總經理／李淑霞
社長／林孟葦

總編輯／張麗寶
主編／余佩樺
主編／許嘉芬
美術主編／張巧佩
美術編輯／王彥蘋
行銷專員／張慧如

電視節目經理兼總導演／郭士萱
電視節目編導／黃香綺
電視節目編導／黃子驥
電視節目副編導／吳婉菁
電視節目後製編導／王維嘉
電視節目企劃／周雅婷
電視節目企劃／林婉真
電視節目企劃／胡士

網站經理／楊秉寰
網站副理／鄭力文
網站副理／徐憶齡
網站副理／黃蕙萍
網站技術副理／李皓倫
網站工程師／張慶緯
網站採訪主任／曹靜宜
網站資深採訪編輯／鄭育安
網站採訪編輯／曾紫婕
網站採訪編輯／張若蓁
網站影像採訪編輯／莊欣語
網站行銷企劃／李宛蓉
網站行銷企劃／陳思穎
網站行銷企劃／吳冠穎
網站行銷企劃／李佳穎
網站行銷企劃／華詩霓
網站客戶服務組長／林雅柔
網站設計主任／蘇淑薇
內容資料主任／李愛齡

簡體版數字媒體營運總監／張文怡
簡體版數字媒體內容副總監／林柏成
簡體版數字媒體內容主編／蔡竺玲
簡體版數字媒體社群營運主任／黃敏惠
簡體版數字媒體行銷企劃／許賀凱
簡體版數字媒體影音編輯／吳長紘

整合媒體部經理／郭炳輝
整合媒體部業務經理／楊子儀
整合媒體部業務副理／李長蓉
整合媒體部業務主任／顏安妤
整合媒體部規劃師／楊壹晴
整合媒體部規劃師／洪鞾鎧
整合媒體部專案企劃副理／王婉綾
整合媒體部專案企劃／李彥君
整合媒體部主編／陳思靜
整合媒體部資深行政專員／林青慧
整合媒體部客戶服務組長／王怡文
整合媒體部客服專員／張豔琳
整合行銷部版權主任／吳怡萱
管理部財務特助／高玉汝
管理部資深行政專員／藍珮文

家庭傳媒營運平台
家庭傳媒營運平台總經理／葉君超
家庭傳媒營運平台業務總經理／林福益
家庭傳媒營運平台財務副總／黃朝淳
雜誌業務部資深經理／王慧雯
倉儲部經理／林承興
雜誌客服部資深經理／鍾慧美
雜誌客服部副理／王念僑
雜誌客服部主任／王慧彤
電話行銷部主任／謝文芳
電話行銷部副組長／梁美香
財務會計處協理／李淑芬
財務會計處主任／林姍姍、劉婉玲
人力資源部經理／林佳慧
印務中心資深經理／王竟為

電腦家庭集團管理平台
總機／汪慧武
TOM 集團有限公司台灣營運中心
營運長／李淑韻
財會部總監／張書瑋
法務部總監／邱大山
催收部副理／李盈慧
人力資源部總監／葉建昌
人力資源部經理／林金玫
行政部經理／陳玉芬
技術中心總監／吳秉瞬
技術中心副總監／張瑋哲
技術中心經理／王喬平

發行所・英屬蓋曼群島商家庭傳媒股份有限公司城邦分公司
出版者・城邦文化事業股份有限公司 麥浩斯出版
地址・台北市南港區昆陽街 16 號 7 樓
電話・02-2500-7578
傳真・02-2500-1915 02-2500-7001

香港發行所 城邦（香港）出版集團有限公司
地址・香港九龍土瓜灣土瓜灣道 86 號順聯工業大廈 6 樓 A 室
電話・852-2508-6231
傳真・852-2578-9337

購書、訂閱專線・0800-020-299 (09:30-12:00/13:30-17:00 每週一至週五)
劃撥帳號・1983-3516
劃撥戶名・英屬蓋曼群島商家庭傳媒股份有限公司城邦分公司
電子信箱・csc@cite.com.tw
登記證・中華郵政台北誌第 374 號執照登記為雜誌交寄
經銷商・創新書報股份有限公司
新北市 231 新店區寶橋路 235 巷 6 弄 6 號 2 樓
電話・02-917-8022 02-2915-6275

台灣直銷總代理・名欣圖書有限公司・漢玲文化企業有限公司
電話・04-2327-1366
定價・新台幣 599 元　特價・新台幣 499 元　港幣・166 元

製版・印刷　科樂印刷事業股份有限公司
Printed In Taiwan

i室設圈｜漂亮家居 06：2024 餐飲空間設計特集｜i 室設圈
｜漂亮家居編輯部著 . – 初版 . -- 臺北市：城邦文化事業股份
有限公司麥浩斯出版：英屬蓋曼群島商家庭傳媒股份有限公司
城邦分公司發行，2024.07
　面；　公分 . -- (i 室設圈；06)
　ISBN 978-626-7401-78-1（平裝）

1.CST: 空間設計 2.CST: 室內設計 3.CST: 餐廳

422.52　　　　　　　　　　　　　　113008407

封面圖片提供｜水相設計

室設圈
漂亮家居

Insight · Think Tank · Ecosystem　**NO.6**

Chief Publisher — Hung Tze Jan · Fei Peng Ho
CEO — Fei Peng Ho
PCH Group President — Kelly Lee
Head of Operation — Ivy Lin

Editor-in-Chief — Vera Chang
Managing Editor — Peihua Yu
Managing Editor — Patricia Hsu
Managing Art Editor — Pearl Chang
Art Editor — Sophia Wang
Marketing Specialist — Huiju Chang

TV Manager Director in Chief — Lumiere Kuo
TV Director — Vicky Huang
TV Director — Jason Huang
TV Assistant Director — Jessica Wu
TV Post-production Director — Weijia Wang
TV Marketing Specialist — Yating Chou
TV Marketing Specialist — Wanzhen Lin
TV Marketing Specialist — Jacob Hu

Web Manager — Wesley Yang
Web Deputy Manager — Liwen Cheng
Web Deputy Manager — Ellen Hsu
Web Deputy Manager — Annie Huang
Web Technology Deputy Engineer — Haley Lee
Web Engineer — William Chang
Web Editor Supervisor — Josephine Tsao
Web Senior Editor — Angie Cheng
Web Editor — Annie Zeng
Web Editor — Jessie Chang
Web Image Editor — Hsinyu Chuang
Web Marketing Specialist — Sara Li
Web Marketing Specialist — Iris Chen
Web Marketing Specialist — Keith Wu
Web Marketing Specialist — Joyce Li
Web Marketing Specialist — Nini Hua
Web Client Service Team Leader — Zoe Lin
Web Art Supervisor — Muffy Su
Rights Supervisor — Alice Lee

Operations Director/ Shanghai Branch — Anna Chang
Content Vice Director / Shanghai Branch — Ammon Lin
Managing Editor / Shanghai Branch — Phyllis Tsai
Social Media Supervisor / Shanghai Branch — Heidi Huang
Marketing Specialist / Shanghai Branch — Max Hsu
Image Editor ╱ Shanghai Branch — Zack Wu

Manager / Dept. of Media Integration & Marketing — Alan Kuo
Manager / Dept. of Media Integration & Marketing — Sophia Yang
Deputy Manager / Dept. of Media Integration & Marketing — Zoey Li
Supervisor / Dept. of Media Integration & Marketing — Grace Yen
Planner / Dept. of Media Integration & Marketing — Cherry Yang
Planner / Dept. of Media Integration & Marketing — Mandie Hung
Project Deputy Manager / Dept. of Media Integration & Marketing — Perry Wang
Project Specialist / Dept. of Media Integration & Marketing — Coco_Lee
Managing Editor / Dept. of Media Integration & Marketing — Chloe Chen
Senior Admin. Specialist / Dept. of Media Integration & Marketing — Claire Lin
Client Service Team Leader/ Dept. of Media Integration & Marketing — Winnie Wang
Client Service Specialist / Dept. of Media Integration & Marketing — Michelle Chang
Rights Specialist, IMC. Supervisor — Yi Hsuan Wu
Financial Special Assistant, Admin. Dept. — Rita Kao
Senior Admin. Specialist, Admin. Dept. — Pei Wen Lan

HMG Operation Center
General Manager — Alex Yeh
Sales General Manager — Ramson Lin
Finance & Accounting Division ╱ Vice General Manager — Kevin Huang
Magazine Sales Dept. ╱ Senior Manager — Sandy Wang
Logistics Dept. ╱ Manager — Jones Lin
Magazine Client Services Center ╱ Senior Manager — Anne Chung
Magazine Client Services Center ╱ Deputy Manager — Grace Wang
Magazine Client Services Center ╱ Supervisor — Ann Wang
Call Center ╱ Supervisor — Wen-Fang Hsieh
Call Center ╱ Assistant Team Leader — Meimei Liang
Finance & Accounting Division ╱ Assistant Vice President — Emma Lee
Finance & Accounting Division ╱ Supervisor — Silver Lin
Finance & Accounting Division ╱ Supervisor — Sammy Liu
Human Resources Dept. ╱ Manager — Christy Lin
Print Center ╱ Senior Manager — Jing-Wei Wang

PCH Back Office
Operator — Yahsuan Wang
Taiwan Operation Center
Chief Operating Officer / Ada Lee
Director, Finance & Accounting Dept. — Avery Chang
Director, Legai Dept. — Sam Chiu
Assistant Manager, Administration Dept — Emi Lee
Director, Human Resources Dept. – Alex Yeh
Manager, Human Resources Dept. — Rose Lin
Manager, Administration Dept. — Serena Chen
Director, Technical Center — Uriah Wu
Deputy Director, Technical Center — Steven Chang
Manager, Technical Center — Eric Wang

Cite Publishers
7F, No.16, Kunyang St., Nangang Dist., Taipei City 115, Taiwan
Tel : 886-2-25007578 Fax : 886-2-25001915
E-mail : csc@cite.com.tw
Open : 09 : 30 ～ 12 : 00；13 : 30 ～ 17 : 00 (Monday ～ Friday)
Color Separation : KOLOR COLOR PRINTING CO.,LTD.

Printer : KOLOR COLOR PRINTING CO.,LTD.
Printed In Taiwan

目錄

NO.6　　2024

Contents

雙子星沙發
feat.美瑛茶几

坐自己想坐的

椅子工廠
沙發訂製

目 錄

NO.6　2024

TOPIC

2024 餐飲空間設計特集

場景式餐飲行銷術——文化性・科技性・儀式感

VISION

BEYOND

ACTIVITY

AI 時代的設計未來

為建構並實現產業生態系，並配合 4 月季刊《2024 店鋪設計特集》出刊，與 TnAID 台灣室內設計專技協會合辦的第二場「2024 商空設計論壇：互動科技虛實整合設計大未來」已於 5 月底在四位講者精彩分享下圓滿落幕。

或許是因為台灣 80% 的設計公司都以住宅設計為主，反映在此次論壇的報名，相較於 3 月所舉行的「2024 住宅設計論壇」，顯然更需用力推廣。而除了室設圈熟悉的水相設計創意總監李智翔 & 設計總監葛祝緯及忠泰生活開發品牌總監高鄭欽外，特別跨領域邀請了天衍互動執行長倪君凱，

總編輯觀點

提出當前數位科技的發展串聯及互動，並以其執行過的案例來驗證沉浸效果，果然大大打開向來只專注於材質及工法的設計師們眼界。在設計走向極度均質化的當今，懂得跨域擷取設計靈感的設計人，才能跳脫更被關注，而商空設計就是最好的學習，且在數位 AI 快速發展的此時更要跟上時代。

提到了 AI，上半年台灣最熱門的新聞，莫過於美國 AI 晶片大廠輝達（NVIDIA）創辦人兼執行長黃仁勳來台所掀起「仁來瘋」風潮，尤其是他在 COMPUTEX 的演講更驚動各產業，秀出逾 40 家台廠合作夥伴 AI 地圖背板，還被市場稱為「黃仁勳概念股」，在「AI 時代如何帶動全球新產業革命的發展」主題演講中，他還特別點名了 AI 室內設計師。

為此，生平第一次走進 COMPUTEX TAIPEI，參加被 NVIDIA 選中，成為 NVIDIA 扶植的 AI 新創公司一員 HOMEE AI 所舉辦的講座，了解 AI 室內設計師當前的發展。就如 2023 年在規劃 AI 相關課程所預見，設計工具的創新不過是 AI 可預期性對空間設計的影響，且工具更不只是單一生成式繪圖程式 Midjourney 而已，其它包含設計流程的革新、設計的協作和溝通、客戶體驗的提升……等都必須再深入探究，才能因應未來 3 ～ 5 年 AI 對產業的衝擊。

若轉化成設計公司設計服務流程來看，AI 人工智慧可介入的主要分為空間模型的滙入、AI 的空間設計、發包工程的導入等，依現行 AI 的技術，前兩者已是現在進行式，且不斷在突破中，最難的還是工程落地的管理，尤其在大缺工潮下才是最大挑戰，而這也是室內設計核心專業之一。

文、資料暨圖片提供│張麗寶

餐飲空間走向場景化，連外帶店都要有新風貌，不只舌尖的享受還有空間的體驗。

張麗寶

現任《i 室設圈｜漂亮家居》總編輯，臺灣師範大學管理學院 EMBA 碩士。參與建立《漂亮家居設計家》媒體平台，並為 TINTA 金邸獎發起人及擔任兩岸多項室內設計大賽評審。2018 年創立室內設計公司經營課程獲百大 MVP 經理人產品創新獎，2021 年主導建立華人室內設計經營智庫，開設《麗寶設計樂園》Podcast，2022 年出版《設計師到 CEO 經營必修 8 堂課》。

只是現今設計教育多著重在大師設計的養成，對於工程從材質、工法到工序，乃至於工地現場管理，都必須靠設計師個人的學習及經驗的累積，且如何善用 AI 數位工具管理，來提升設計協作、溝通效率及客戶體驗，都是產業必須面對的課題。因此除在 6、7 月的「室內裝修工程實務管理 6 講」課程，把工地現場搬到課堂外，8 月 24 及 25 日也邀請中文世界 Notion 教學第一達人雷蒙三十，開設「Notion AI 室內設計專案管理應用」課程，帶領實作運用創新方法，增進工作效率，提升專業形象及客戶關係，想進一步了解，敬請支持訂閱《i 室設圈｜漂亮家居》網站 https://iecosyst.com。

從海嘯受災戶轉為海景第一排，觀光餐飲業快速復甦，尤其是餐飲產業。掙脫了疫情的束縛，不只在地，不少異國美食也進入市場拓點，競爭狀態更勝於過往。消費者對於餐飲的要求，已不再是好吃、空間舒適，從吃的食物、使用的餐具到空間氛圍場景化更為要求，以符合社群關注的需求。「2024 餐飲空間設計特集」以場景式空間行銷術——文化性·科技性·儀式感為主題規劃了 TOPIC，VISION 則以老房子開店及外帶店切入，邀請了設計師、品牌業主的 CROSSOVER 則要討論「整合品牌定位開創餐飲空間新未來」，至於 DESIGNER 和 PEOPLE 則採訪了近來很受關注的餐飲設計團隊伴境空間設計及為庶民小吃注入新面貌的「小王煮瓜」第二代王捷生。此外，第三場「2024 餐飲空間設計論壇」也將於雜誌出刊後，於 9 月與 TnAID 共同舉辦，敬請期待喔！

近年來，台灣新興的精緻體驗型餐飲業如雨後春筍般不斷地出現，展現著其極高的活力與創新。即便在全球疫情嚴重的情況下，這些餐飲業也似乎並未受到太大的影響，反而在逆境中顯示出驚人的韌性與成長力道。高端餐飲的崛起，除了在全球餐飲精緻化的大潮之下得到了推波助瀾的機會，更剛好遇到了台灣電子代工與傳統資本家的青睞，他們對於新興市場的投入與支持，無疑為這一產業的發展注入了強大的動力。同時，許多來自歐洲、日本與新加坡等地的明星廚師，也紛紛回國加入這一行列，將海外的經驗與創意帶回台灣，進一步豐富了這一產業的內涵與規模。這些規模不大，但服務優質、形似精緻餐飲（Fine Dining）與網美打卡店的綜合體，受到了大眾的熱烈歡迎，躍升成為餐飲業的耀眼新星。它們不僅提高了餐飲業的綜合素質，也為台灣餐飲業注入了一股前衛的場景式精緻餐飲，為台灣餐飲業的未來開創了無限可能性。

設計人觀點

場景式餐飲設計的
風行與隱憂

當大眾對於體驗型餐廳認知普及之後，消費能力也有了大幅度的提升，這導致了許多設計精緻且獨具特色的餐廳誕生。不僅菜色上呈現相當混搭的風格，台灣島國的文化也敦促著設計師們爭奇鬥艷，將日式、歐式、台灣等元素融入現代流行的設計中，因此不僅多元，通常更原汁原味地重現國外的特色設計風格。這些場景式高端餐廳用餐環境通常不大，通常提供提吧檯座位或個別包廂，配以一整套從服務、場景道菜色的配套設施，讓顧客能放鬆身心，享受廚師與服務生原帶來的高度儀式感的用餐時光。甚至融入藝術元素或文化符號，提升用餐體驗的品味並引發情感共鳴。

我認為未來場景式的設計，可以關注以下幾個重點。首先是沉浸式體驗的強調，許多主題餐廳不僅注重食物的品質，更強調全方位的沉浸感。包括服務員的服裝、背景音樂、餐具甚至氣味，都與餐廳主題密切相關，讓顧客有置身其中的感覺。此外隨著科技的進步，主題餐廳逐步導入裸視 3D、擴增實境（Augmented Reality）等高科技手段，以提升了顧客用餐時的場景感。例如，日本的主題餐廳 FLOWER WALL MONE 使用投影技術，配合店內裝飾著花卉的藝術牆合而為一，創造出變幻莫測的用餐環境。

文、圖片提供 | 鄭家皓 Chia Hao Cheng　攝影 | w.y.s photography 空間攝影

「GABEE.20」周年改裝迎來如太空艙般高科技咖啡廳場景。

鄭家皓 Chia Hao Cheng

直學設計 Ontology Studio 創辦人、餐旅設計顧問。1998 東海大學建築系、2004 卡內基美隆大學娛樂科技系碩士、2006 紐約大學互動通訊碩士，現為直學設計 Ontology Studio 總監。致力於推動台灣設計產業整合與發展，創立「直學院」網路教育平台。著有《設計餐廳創業學》、《設計咖啡館開店學》及《餐飲開店‧體驗設計學》，並共同著作《餐飲美學》一書。

不過，疫情過後雖然精緻餐飲和網紅餐廳的數量不斷增加。但反觀整體餐飲業正處於經營與發展極度困難的狀況之下。這一現象主要是由於缺工潮以及非典型創業的增加所致。主題餐廳通常能夠提供獨特的用餐體驗，因此也提高了顧客對整體餐廳的期望。有話題的主題餐廳需要靠大量資金進行設計規劃與維護，成本相當高，一旦主題過時，餐廳的吸引力和收入極有可能迅速下滑，增加投資風險。倘若後續不能持續提供高質量服務與創新，難保長期成功。許多主題餐廳過於重視裝潢和用餐體驗，卻忽略了食物的品質，反造成食安問題，這不僅可能導致顧客滿意度降低，亦會影響餐廳口碑與發展。

疫情過後，無論是旅館還是餐廳行業都正處於一個競爭激烈的時期，同時也迎來了消費的爆發。大量的資本和年輕人的投入，讓場景式餐廳以其獨特的吸引力和創新思維，為餐飲業注入了新的活力。然而，從長遠來看，我們應該更加努力地保護和推廣台灣豐富多元的飲食文化，防止它被其他文化所取代。我們需要在技術和文化上進行創新，以適應不斷變化的市場需求和消費者的口味。餐廳經營者在提供創新體驗的同時，應該注重食物的質量、可持續發展和對文化的敏感性，這樣才能在競爭激烈的市場中立於不敗之地，並保持行業的健康發展。只有這樣，我們才能真正地延續和推廣我們的飲食文化，讓更多的人認識和欣賞台灣的飲食文化。

數年前，筆者與台灣最大的餐飲業平板 POS 系統業者合作，舉辦了幾場在台灣北中南巡迴講座，探討關於餐飲店鋪展店規劃與管理所需要的準備與做法。由於當時主辦單位 POS 系統商家的使用社群有 90％都是剛創業，或是只有一兩家店規模的小規模創業者。身為在講台上的講者，我很快就意識到對這些小店家老闆而言，展店規劃雖然會是大家想理解的議題，但是其實他們當下最迫切需要的，是如何讓自己辛苦創業經驗的店鋪可以活到明年⋯⋯

場景式行銷——現代餐飲創業者的全新策略

所以如何增加知名度、強化口碑、提升營收，一直以來都是實體餐飲門店、尤其是剛開始創業、幾乎還沒有建立起任何名氣與聲量的中小業者更加竭盡心力追求的目標。然而在過去，創業者或許可以選擇在各類型媒體通路或社群平台大量投放廣告來接觸消費者。但據統計，在 2017 年，消費者所創造出來的內容，包括商品品質、價位區間、氛圍設計與服務體驗，甚至轉發家人、朋友或同事的分享⋯⋯等資訊量，已經比企業所輸出的多出 3 倍以上，而這已經是 6、7 年前的狀況。

所以當媒體廣告的投放推播已經不是大多數中小企業主所可以掌控的時候，傳統的行銷模式已經很難達到期望的效益，因為多數消費者所接收到的資訊，已經愈來愈少是由品牌方主動設計與推播出來的廣告訊息。現在的企業主需要以顧客的需求和體驗為中心，在消費者接觸到品牌的每一個「場景」中，提供個性化的內容和服務。甚至如何運用實際消費者產出的內容與評價，來引導更多潛在顧客的消費意願。這就是我們今天談到的場景式行銷的重點。

場景式行銷（Scenario-based Marketing）是根據特定的消費者場景或情境，設計和推廣產品

文、資料暨圖片提供｜林剛羽

透過 MarTech 行銷科技平台有效地媒合並創造導客效益，同時也找出關鍵的消費場景，進而確立 TA 為他們創造好的餐飲體驗。

林剛羽

現任天帷企管顧問工作室／展店顧問。天帷企管顧問工作室擁有豐富的展店相關經驗與國內外通路資源，目前業務主要為協助連鎖品牌展店及海外品牌代理。至今已經服務超過 200 家企業、共 400 多個品牌，更是多家海外餐飲品牌來台展店的首選顧問團隊，其中包含「牛角燒肉」、「一風堂」、「嵜本吐司」、「燒肉 Like」、「點點心」、「蔦屋書店」等。

或服務的行銷策略。其中的核心就是協助顧客在當下的消費場景實現他們的期待，並且引導顧客進入下一階段，一直到消費旅程的終點。因此能否識別消費者當前所處的場景變得至關重要，因為只有這樣，我們才能確認該採取什麼行動來滿足顧客在特定場景下的需求，進而提升行銷的效益。

雖然場景式行銷看起來是一個全新卻複雜的概念，但是即便是只有 1、2 家店鋪的餐飲品牌也可以運用下面的幾個方式，來靈活運用場景式行銷。1. 運用愈來愈多樣的 MarTech 行銷科技平台，有效率地媒合更有導客效益的關鍵意見消費者（KOC）不僅能為企業帶來更好的行銷效果，也能夠推動正向的消費循環。2. 找出顧客在你的消費旅程中的關鍵點，並且設計我們如何在這些關鍵點滿足顧客的期待。3. 確認你的主力受眾（TA）是哪些族群，除了為他們創造絕佳的體驗，也需要讓他樂意成為你的口碑推薦者，延續品牌體驗。

在當今內容為王的數位時代，場景式行銷勢必成為每一位餐飲創業者的重要認知與技能。餐飲品牌可以通過有效地運用場景式行銷策略，提高品牌忠誠度和銷售轉化率，並且與消費者建立長期的情感聯繫。就讓我們一起帶給現在更加注重設計與體驗的顧客群體更貼心與真誠的消費旅程吧！

我們各自在美國、澳洲、日本、英國繞了一大圈，經過十多年的廚藝淬鍊，原以為回到台灣會開一家西式料理的餐廳，但反而是保留台灣在地料理風味，只不過是用西式料理的手法，以 Fine Dining 形式將熟悉的台灣味用細緻優雅的方式來呈現。

其實味道並沒有貴賤之分，但台灣只有夜市和快炒才是全貌嗎？我們想把這些味形吵雜的飲食文化變得更為細膩，就像鹹酥雞和日本天婦羅的差別，料理的本質相同都是沾粉或麵衣後再高溫油炸，但欣賞的角度不一樣，一個是欣賞其中的氣味（香氣），另一種則是欣賞食材本身的風味。在能取得比以往更高品質食材的現代，也許我們能嘗試將一些料理的氣味往下降，進而突顯食材的風味，使味道更優雅，為在地餐飲的市場上在大家熟悉的風味裡提供一種新的選擇，也讓世界認知到台灣也有細緻的飲食文化。

品牌主觀點

融合文化情感的優雅之味

或許因為我們都不再是年輕的小夥子，經過歲月的洗練，再回到自己的土地，不禁開始問自己「我是誰？我來自哪裡？」而我們以「斑泊」為餐廳名，就是取「斑駁」的諧音，有歷經歲月的痕跡，一如「斑」字，不就是遺留在身上的斑紋嗎？它既是我們走過國外十數年的成熟印記，也是我們追溯記憶裡的台灣味道。而「泊」既有河川匯聚成湖的隱喻，也有靠岸停泊之意，於是我們也藉這一方之地匯聚所有台灣的人、事、物、景，娓娓道出台灣的故事。

先以料理來說，「白玉」這道菜名源於蘇主廚的兒時記憶，印象中小時候家裡煮飯，時常會看見將白蘿蔔洗淨後泡在加水的金屬盆裡，感覺十分沁涼，因此經過幾番研究之後，以白玉蘿蔔製成冰沙，香檳醋、金桔做成醬汁搭配，透明而清爽，又能讓味蕾挑逗出不同層次的微酸與清甜，以台式泡菜的在地口味與西餐中常出現的清口料理 sorbet 做結合。

斑泊的每一道料理都很講究立體視覺，不僅重現常民生活的記憶場景，也擷取台灣四季的聲色眉睫，例如「秋葉」為呈現枯葉掉落的視覺感，味形就以甜和苦為料理的靈魂，而苦以秋收的紫包

口述｜李澄、蘇品瑞　文字整理｜邱建文
資料暨圖片提供｜伴境空間設計、Banbo 斑泊　攝影｜Amily

「Banbo 斑泊」餐廳由伴境空間設計，以台灣在地的竹片編排如浪板意象，
和端上「秋葉」的料理相互呼應，呈現時間的流動和空間的詩意。

李澄（圖右）、蘇品瑞（圖左）

李澄曾赴「美國名廚搖籃」CIA 美國廚藝學校（Culinary Institute of
America）深造，蘇品瑞則赴澳洲藍帶廚藝學院進修，二人又各自在舊金
山、大阪、澳洲、英國等米其林餐廳歷練之後，2023 年攜手開創「Banbo
斑泊」餐廳，隨即登上一星米其林餐廳之列。

心菜、甜以香料和台灣黑豬五花肉來加以平衡，並透過白味噌醃漬後，
先煎後烤，既有葉瓣枯落的意象，也添增風味。

如同滷肉飯，其實要講最好吃和最台味都是主觀認定，重點在於提升質
感與美感，而且不僅是料理，也包括音樂、器皿、燈光和空間裝潢，甚
至地段；我們之所以選址在台北大直 CBD 時代廣場，就是希望餐廳周圍
的環境比較有質感，客人進出的大門沒有緊貼車水馬龍的道路，附近也
不會有住戶在餐廳樓上曬衣服，而進入五感鋪陳的細節，得以慢慢沉澱、
細細品味，例如茶具吊櫃、陶盤、餐刀，甚至金工餐具架，都來自於台
灣在地職人的精緻工藝，能因斑泊而匯聚成湖，也由桌邊服務娓娓述說
其中的故事，而看到這片土地所孕育的美。

當我們把店名、定位、主廚、菜色、視覺和故事都準備妥當，也有了贏
得一星米其林的決心之後，就等伴境空間設計為我們搭棚，因此而激發
出以台灣街巷常見的鐵皮屋意象為創意，將鐵板、磚、竹、石和藺草等
在地的材料，透過鏽蝕再製或重新編排的手法，讓人看見時間的流動，
從而感受到空間的詩意，也是將台灣文化加以細緻化的升級。

我們深信，顧客也像是一座湖泊，而每投出一顆小石子，或燈光、或家
具、或故事等細節，都會在他們的內心泛起漣漪，引發不同的聯想。

觀察近十年的時間，台灣的咖啡館樣貌以及經營的型態經歷了不同變化。這些變化伴隨著台灣咖啡職人於 2014 年開始陸續在世界咖啡賽事展露頭角，像是 2014 年賴昱權獲得 WCRC 世界烘豆師冠軍、2016 年吳則霖獲得 WBC 世界咖啡大師冠軍以及分別於 2017、2022 年拿下世界盃沖煮大賽冠軍的王策以及徐詩媛等等。再來就是台灣的咖啡莊園，尤其是阿里山產區也在國際逐漸打開知名度，今年五月剛落幕的「阿里山莊園咖啡精英」競價媒合會，鄒築園的藝伎水洗豆就以 15 公斤新台幣 30 萬 6 千元的高價拍出。代表台灣不僅有優秀的咖啡職人、多元的咖啡館樣貌，更有精品咖啡最吸引人之處－獨特且細膩的地域風味。

部落客觀點

咖啡館風格觀察

接著再看向台灣的咖啡館樣貌以及經營的型態經歷變化，從經營的專頁「咖啡因的地圖」2015 年開始介紹咖啡館，這個時期前後幾年，台灣各城市的自家烘焙獨立（小型）咖啡館正值大爆炸，每間小店都是店主人的個性延伸。通常介紹一家咖啡館會著重於三個部分，咖啡風味、空間設計跟服務，一開始介紹一家咖啡館會很著重在咖啡風味的表現，也呼應 2016、2017 年那個時候，台灣的咖啡館呈現一股營造咖啡職人形象的熱潮，講究咖啡風味，這可能跟 14、16、17 年台灣陸續拿下三個世界咖啡比賽冠軍有關，大家開始研究咖啡風味跟職人展演。

而趁著這股熱潮，接著幾年下來也更有經營咖啡館需要打造品牌、團隊的概念，像是台北的「simple kaffa」、台中的「mojo coffee」、高雄的「握咖啡」等，都是台灣很具有代表性的咖啡品牌。而近年來咖啡館在空間設計跟視覺傳達上的主題完整性更高，當然也是隨著社群媒體發展的興起，可以讓客人拿起手機拍照上傳社群網絡，是對咖啡館最好的行銷方式之一。

觀察在咖啡表現已經是基本要求下，咖啡館要怎麼帶給客人不一樣的體驗，大概有兩種走向，

文、資料暨圖片提供｜咖啡因的地圖 Elsa

（圖左）位於台中的「Tomorrow Coffee」店門加長屋瓦立面的視覺效果，重新演繹現代日式侘寂風格的自家烘焙咖館，而店內提供最傳統的咖啡豆處理法日曬、水洗、蜜處理。（圖右）位於台北的「noon」咖啡館，以一支豆子以三種概念來呈現三杯飲品，分別是純飲、大眾化、創新與重組。

咖啡因的地圖 Elsa

「咖啡因的地圖」Elsa，一個偷故事的人，在桃園長大、嘉義念大學、倫敦唸設計、台北工作，最近移居台中生活，偷在不同城市不同咖啡館聽到的故事。2018 年出版了一本書籍《總有一家咖啡店等著你》介紹台灣自己很喜歡也很有特色的咖啡館，喜歡這份工作，也會一直用文字跟攝影書寫下去。

一種是咖啡館的氛圍透過室內設計更顯獨特，另外一個是創造更精緻的咖啡飲品，像是咖啡 Fine Dining 套餐的概念。當然也有的咖啡館兩者兼具。

以台中的「Tomorrow Coffee」為例，店門加長屋瓦立面的視覺效果，重新演繹現代日式侘寂風格的自家烘焙咖館，點綴其間的當代花藝，突顯美感。一樓吧檯五席座位，咖啡器具整齊地一字排開，主角回到咖啡，只提供最傳統的咖啡豆處理法，日曬、水洗、蜜處理，店主人期待與客人分享產區的風味，回歸到農作物天地人的概念。

台北的「noon」咖啡館，則是以 1+1+1 創造更精緻的咖啡飲品，也就是同一支豆子以三種概念來呈現三杯飲品，分別是純飲、大眾化、創新與重組。空間設計上，幾何造型的中島吧檯是主要亮體，色調則以水泥灰階與木質色調搭配，整體簡約、沈穩有質感，在這樣的空間氛圍下品飲精緻的咖啡飲品，有相加乘的效果。

台灣很具代表性的咖啡館「Simple Kaffa-The Coffee One」，也在近日推出 Coffee Testing Set，客人選擇一支精選的豆款，一次可以喝到四杯完全不同風味表現的咖啡，再將咖啡飲品多元的樣貌往前推進。空間上找來硬是設計創辦人吳透操刀設計，保留日式建築沉穩靜謐的氛圍，再利用細節堆疊出品味，呼應不同產區的精品咖啡交織出的千變萬化風味。

期待下一個十年，我們再來聊聊咖啡館。

瀨戶內海別墅旅宿
北歐與日式設計交織出瀨戶內鷺島新地標

丹麥 BIG 建築事務所為日本飯店集團「NOT A HOTEL」設計位於日本佐木島（Sagi Island）的最新度假村，特色基於斯堪的納維亞和日本設計價值觀之間的長期對話，自然地融入島嶼的山巒之中。

文、整理｜田可亮
建築設計、資料暨圖片提供｜BIG
攝影｜MIR、LIT design

1.2. **延續起伏山巒的壯麗** 設計方法旨在同時擴展和強化群島的廣闊全景視野，將人為對環境的干預降到最低。

圖片提供｜BIG

圖片提供｜BIG 攝影｜MIR

1
2

1.2. **延續起伏山巒的壯麗** 設計方法旨在同時擴展和強化群島的廣闊全景視野，將人為對環境的干預降到最低。

隱身於地景中且融合北歐與日式設計美學

自 2022 年起,日本飯店集團 NOT A HOTEL 開始與 BIG 合作,擴展其在日本 6 個現有飯店項目。「NOT A HOTEL Setouchi」是繼由藤本壯介操刀位於沖繩石垣島的「Not A Hotel Ishigaki EARTH」完工後的最新據點;其基地位於日本瀨戶內地區廣島縣三原市的離島——佐木島(Sagi Island)上,在該島的西南角設置三棟別墅,每戶都能盡覽瀨戶內海的美景。

北歐與日本設計之間的關係始於 19 世紀,日本向國際旅客開放邊界後不久,北歐設計師開始訪問該國,並迅速被其簡約風格、天然材料的使用及與自然的聯結所吸引,而這些原則也啟發了 NOT A HOTEL Setouchi 的設計理念。BIG 的創始人兼創意總監 Bjarke Ingels 談到:「此項目的設計方法並不是將事務所的理念強行套入基地;相反地,我們想良好利用這片獨特而非凡的地形,於是我們嘗試去探索、觀察並理解這片土地後,從而擬定出了一個反映傳統日本建築優雅的設計。」「日本的在地文化是世界上少數仍堅持對手工藝的承諾與品質的關注。結構的誠實與簡潔以及材料的謹慎選擇,可以說對日本傳統建築和丹麥現代建築有很大影響。也許這就是為什麼每次我去日本,都感覺像是回到了家一般……」Bjarke Ingels 補充,NOT A HOTEL Setouchi 將是一個實驗,探討兩國感性融合的結果,即丹麥對簡約的追求和日本對完美的關注。

3

4	5	6	7

3.4.5. **美景環繞中保有隱私中庭**　別墅旅宿分別立於小山頂上,特別的是「360」Villa 可以 360 度欣賞瀨戶內海和大海,中心有一個庭院以確保隱私。6. **對傳統日本屋頂的技術性和現代性詮釋**　俯瞰環視整個建築,水池矗立於建築中庭,藉由水池的高低差匯聚氧氣,維持一個動態循環也有助於替建築物降溫。7. **低調且融於自然的照明設計**　透過專業的環境分析及光環境設計,夜晚當建物的燈光點亮宛如螢火蟲,對環境生態的擾動降到最低。

圖片提供|BIG　攝影|MIR

圖片提供｜BIG　攝影｜MIR

圖片提供｜BIG　攝影｜MIR

結合自然與現代的設計，以低調奢華重新演繹日本工藝精神

由於 NOT A HOTEL Setouchi 的基地先前是一個開發中途陷入停滯的地區，總體規劃優先考慮恢復起伏的地形，將在施工開始前收割草木，同時重新引入橄欖樹、檸檬樹和其他本地植被，以進一步復育該地區的自然景觀。三座別墅根據其位置和相應的景觀被命名為「360」、「270」和「180」，它們故意與自然地形融合，與現有道路和基礎設施對齊，使度假村的分布如同一條絲帶，蜿蜒穿過不同海拔的地區。

每棟別墅的設計特點各異，適應其基地的特定位置。環形的「360」位於最高處，提供 360 度全景視野，並設有中央庭院以保護隱私。「270」可捕捉周圍群島的 270 度全景，沐浴區如同漂浮在泳池周圍的島嶼，還配有桑拿和露天火盆。在半島的尖端，「180」最靠近海洋，其曲線隨著海岸線而延伸。這棟別墅包括一個內庭院，設有緩坡、苔蘚小徑和隨季節變換的樹木。

這些三居室和四居室的別墅參考了傳統日本單層房屋的設計，且採用日本當地的材料。房屋的基本元素：立面、屋頂、牆壁和地板等，都保留了傳統日本建築元素，同時為現代用途重新設計。連接內外空間的玻璃帷幕是對障子屏風的現代詮釋，而天然板岩地板的花樣則受傳統日本榻榻米配置的啟發。承重的彎曲土牆使用了傳統的夯土技術，材料源自基地的土壤。

每棟別墅都開放成為一個大型統一的空間，機能區如浴室和儲藏室被整合到單獨的區塊或模塊中。這些較為私密的區塊頂部設有天窗，讓人在建築物內的任何位置都能看到景色，並在開放與獨處之間取得平衡。所有別墅都設有傳統的日本浴室、舒服的色調、戶外火盆、桑拿室，更設有向外延伸的無邊際泳池，這些設施模糊了房子與周圍環境之間的界限。

8

9	10	11	12

8.9.10. 玻璃帷幕模糊室內外邊界 擁有全景視野的寬敞臥室，立面採用大面積玻璃帷幕，讓人對周遭美景一覽無遺，建立與自然的聯繫。**11.12. 以夯土技術打造溫度建築** 以當地材料製成的質感夯土牆面，展現人文與自然的巧妙融合。

圖片提供｜BIG　攝影｜MIR、LIT design

ONE DIRECTION

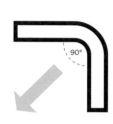

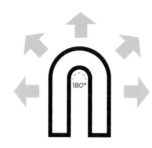

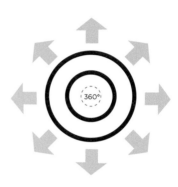

90° RESTAURANT   180° VILLA   270° VILLA   360° VILLA

圖片提供｜BIG

Project Data

案名：瀨戶內海別墅旅宿 NOT A HOTEL Setouchi

地點：日本·瀨戶

性質：旅店

坪數：2,350 ㎡（約 711 坪）

設計公司：BIG（Bjarke Ingels Group）

Designer Data

BIG（Bjarke Ingels Group）。由丹麥建築師 Bjarke Ingels 於 2005 年
創立，以其創新和前衛的設計風格聞名，專注於創造融合功能性、永續和美學
的建築作品，作品涵蓋了住宅、商業、文化和城市規劃等，如今事務所規模約
700 人。https://big.dk/

13

14　15

13.14.15. 別墅旅宿機能完善，設備應有盡有　每棟別墅旅宿裡都設有質感牆面、寬闊的玻璃立面、面向瀨戶內海的露台、無邊際泳池、臥房、廚房、用餐區、桑拿室、下沉式休憩區，以及大面積的屋頂外伸部分。

圖片提供｜BIG　攝影｜MIR

基隆美術館
時代下的美術館，開啟城市新連結

自 2021 年基隆市政府於宣布整建的「基隆美術館」，歷經幾番波折後，終於在 2024 年 4 月正式開館亮相。面對這棟建築，禾磊建築 Architerior Architects 從都市設計的角度重新思考其所要扮演的角色，不只重新梳理使用功能，更讓它再次與這座城市產生連結。

文、整理│余佩樺
建築設計、資料暨圖片提供│
禾磊建築 Architerior Architects
攝影│趙宇晨

圖片提供｜禾磊建築 Architerior Architects

1. **減法讓新舊元素獲得平衡**　保留建築立面絕大部分白色預鑄混凝土板，適度透過局部
切割、內縮後新成新的開口，再結合現代金屬元素，整體變得洗鍊、更具當代感。

1

圖片提供｜禾磊建築 Architerior Architects
攝影｜趙宇晨

圖片提供｜禾磊建築 Architerior Architects　攝影｜趙宇晨

圖片提供｜禾磊建築 Architerior Architects　攝影｜趙宇晨

從時間脈絡來看，基隆美術館歷經幾次重要改建。它最早的前身為 1903 年的「基隆公會堂」，1985 年由基隆市政府改建為「基隆市立文化中心」，成為當時全台首座文化中心，2004 年改名為「基隆文化中心」，直到 2021 年市府決定重新整建這棟超過 35 年的建築，並轉型為適合於當代的美術館空間。

再從地理位置觀之，基隆美術館位處核心地帶，緊鄰進出基隆市區內的重要幹道，基隆港亦近在咫尺，而南側不只臨田寮河市民廣場，還與東岸廣場商圈連結。基隆美術館作為城市重要節點，禾磊建築 Architerior Architects 主持人梁豫漳認為，這次的設計不僅僅是對一棟歷史建築的改造，更是對在地公共空間的一次重新定義。

從環境、設計背景出發，定位美術館新角色

梁豫漳進一步談到，鄰近的東岸廣場在幾年前經過改造後，從一個廢墟變成了一個立體化的都市空間，不僅打通了南北向通道，更改善著了基隆的都市環境。然而在進一步爬梳美術館的設計歷史後，發現到，原來的設計規劃中融合了展覽空間、演藝廳和圖書館三大功能，這些功能在過去是各自獨立運作，且有不同的入口與動線。因此，設計團隊希望在這項改造案中透過新建構的「開口」，打開東西向通道之餘，也讓這座建築變得開放與透明，進而帶來更多的公共活動和文化交流的機會。

首先，將一樓具紀念性的樓梯自中央切開，同時也拆除東側原有的封閉牆面，打開後的一樓成為東西向的內部通廊，同時也加入一些商業公共設施，如咖啡廳等，活絡空間發展；另外也將南側廣場與兩側 U 字型空間加以重整，擴大活動範圍，讓內外空間相互連通，樹立出空間的公共性。

2

3	4	5

2. **在白之間堆疊了黑** 在原本白色預鑄混凝土板上疊加了金屬擴張網，黑白分明讓建物更具當代感外，也試圖從選材中回應基地鄰近港口工業感。3.4. **出挑水平帶形成連貫性簷廊** 二樓樓板延伸出挑的水平帶形成一連貫性簷廊，簷廊中的三角金屬造型取自館內宮殿式天花中六角形而來，白天、晚上穿透出柔和的光影，皆為建築立面帶來不同的表情。5. **任何文化活動皆能在這發生** U 字型空間加以重整後，都市街廓更趨完整外，亦讓它與周邊環境產生連結，讓市民能自由地使用這個空間、享受豐富的文化體驗。

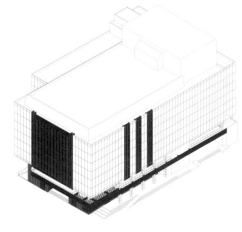

圖片提供｜禾磊建築 Architerior Architects　攝影｜趙宇晨

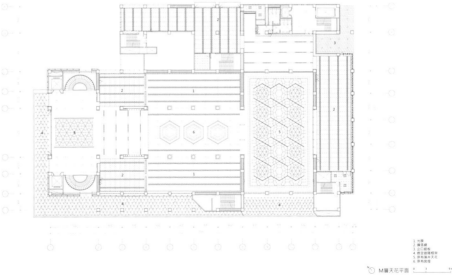

每一棟建築的存在既回應時代所需，也承載著城市文化的軌跡，面對基隆美術館的整建，梁豫漳沒有選擇一味地翻新，而是嘗試在新與舊之間，找到適切的平衡。「重新整建，不見得一定是得抹去……當看見這些具時代性的文化符號時，反而想藉由留下並結合現代元素，創造出一個具時代感語彙。」

建築外觀經過量體比例的重新編排、相異材質的介入，整體變得更具當代感。像是外牆保留部分白色預鑄混凝土板，將局部經切割、內縮後形成新的開口後，以金屬擴張網疊加於原紅色花崗岩外牆上，一方面借助擴張網穿透特性，讓歷史痕跡仍可被看見，二方面原建築厚重感降低後變得輕盈，宛如漂浮於城市一般。

新舊結合，為美術館帶來一個新視角

館內作為藝文載體的場域，需創造空間尺度和張力。過去的空間布局幾乎縮限了展出形式，然而當代藝術幾乎無所限制，隨著空間被重新梳理與打開後，除了一樓中央主展廳，M 層亦規劃了一些小空間，在未來能做不同展出使用，既能呈現館內藝術展出的多元性，也可為觀眾帶來多重感官新體驗。

至於原空間傳統宮殿式天花板、宮燈、大理石地板、宮廷式階梯，有秩序地被收攏於白色方盒中，並與現代性材料所營造出的空間留白產生反應，在傳統與現代間找到平衡點，也觸發人駐足、停下來觀看的慾望。

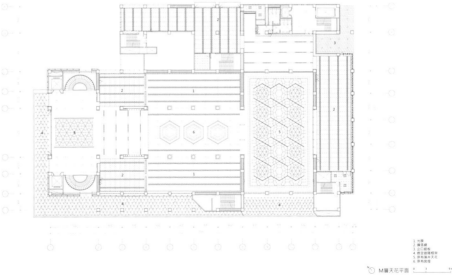

M層天花平面

圖片提供｜禾磊建築 Architerior Architects

6
7 8 9

6.7. 打通空間、樹立美術館公共性　原本封閉的空間在經由打開後，形成東西向的通廊，也讓基隆美術館更具公共性質。**8. 光膜讓展覽廳產生了流動關係**　光照在美術館空間中，是營造整體氛圍的關鍵，設計團隊將光膜植入其中，重塑空間秩序串聯過去與現代，亦透過光讓環境產生了流動關係。**9. 新舊安排全在比例拿捏之間**　相較於建築外立面的處理，內部空間的新舊安排更加仔細，第一進留下大面傳統宮殿式天花板、宮燈、大理石地板，再往內進，傳統天花與大理石地坪則被收攏在中軸線上，讓過去是一種有節奏的新延續。

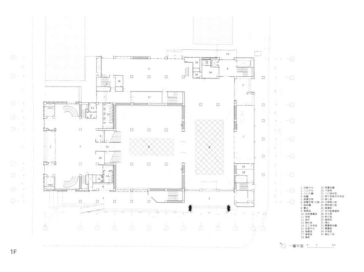

1F

MF

2F

3F

圖片提供｜禾磊建築 Architerior Architects

Project Data

案名：基隆美術館 Keelung Art Museum

地點：台灣・基隆市

性質：展覽空間

坪數：3,375 ㎡（約 1,020 坪）

設計公司：禾磊建築 Architerior Architects

主持人：梁豫漳、蔡大仁、吳明杰

設計參與：羅仕勳、黃筱雯、歐欣彥、林伯彥

施工單位：長薪工程

Designer Data

禾磊建築 Architerior Architects。成立於 2002 年，由梁豫漳、蔡大仁、吳明杰共同擔任主持人，三人期望透過設計的介入，為每一個空間創造出獨特的個性。代表作品：光點台北、白盒子計劃、光點華山、華山綠工場、北美館兒童藝術教育中心等、高雄市立美術館、基隆東岸廣場、基隆美術館等。

www.facebook.com/architerior.taipei

10. **設計介入讓使用能做不同的延伸** 空間的公共性更加明確後,它的定義也應該更多元,於是設計團隊在大階梯兩側規劃了書牆,在未來也能是圖書館的一種延伸。11. **留白製造空間無聲張力** 空間裡使用了大量的白色金屬擴張網,光影自天花微微灑下,形成一股視覺張力。

圖片提供|禾磊建築 Architerior Architects　攝影|趙宇晨

烘豆文化品牌 (beanroom)
選購過程成為空間變化的動能

此案基地位於台北市東區巷弄內，退縮於街道 4 米的距離，加
上前方有顆高 6 米、寬 3 米的榕樹，將店鋪主體立面隱蔽起來。
業主除了希望店面設計能將顧客導流進來，也希望在有限資源
內，創造兼顧永續與收益平衡的可持續性發展模式。

文、整理｜Joyce
空間設計、資料暨圖片提供｜水相設計
攝影｜Studio Millspace

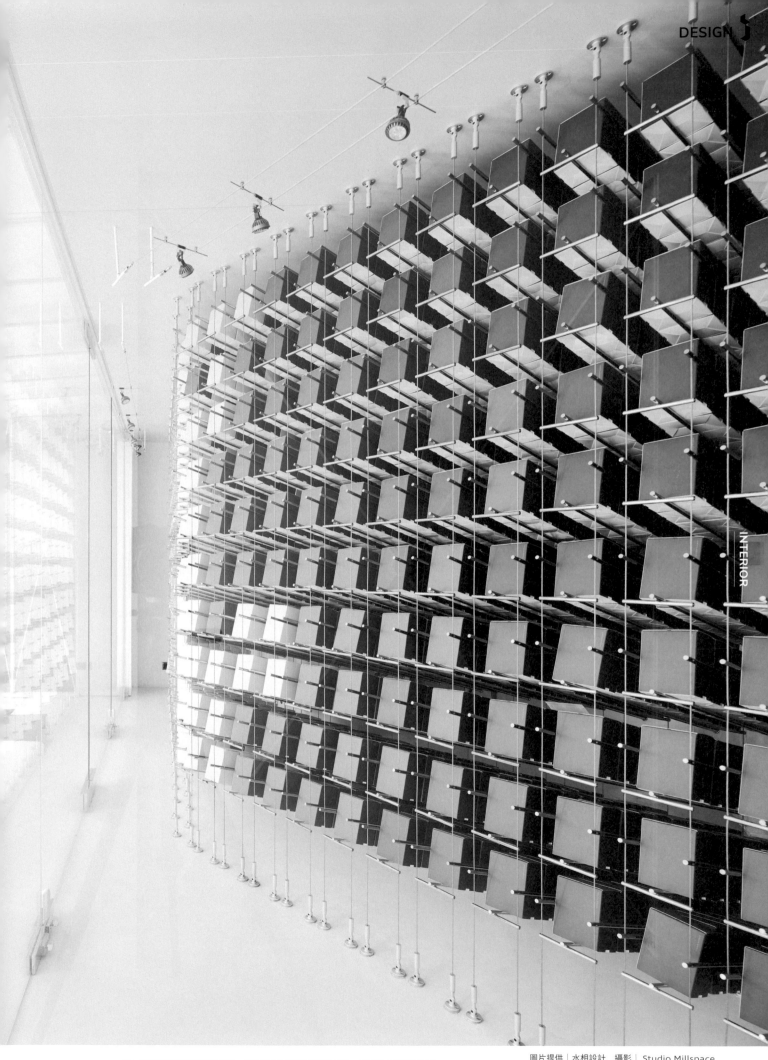

1.2. **有機設計達到永續理念** 咖啡豆外包裝的櫥窗設計，讓店內空間依序更迭有了不同面貌。

1　2

圖片提供｜水相設計　攝影｜Studio Millspace

圖片提供｜水相設計　攝影｜Studio Millspace

圖片提供｜水相設計　攝影｜Studio Millspace

商業空間常面臨著審美疲勞，每 3～5 年就需要重新裝修吸引顧客注意，甚至一些店的生命週期，僅能維持 1～2 年。在與業主討論過程中，「永續是現在世代的議題，卻是下一個世代的日常」引起了水相設計設計總監葛祝緯的省思。

以包裝作為店貌，突顯經營重點

在這間選豆店的設計思考上，他以咖啡豆外包裝作為店景的設計主題，除業主的咖啡豆因不同風味而有不同顏色的包裝，加上每逢節慶推出的特殊設計，都能成為店內空間的最佳裝飾，也突顯出經營重點，並透過顧客選取喜好的過程，作為店貌改變的動能。

透過大片落地窗與純白空間對照，當產品上架後會在立面產生一個色彩不斷變動的皮層，彷彿是一種堆疊樂高的過程，顧客成為掌握店景風貌絕對主導權的甲方，同時還能經由色塊大小，將產品銷售的大數據一目瞭然地呈現出來。這樣的設計手法，一來可減少設計固化後產生的審美疲勞，二來減少需對應市場潮流與話題性衰退而產生的大量裝修廢材，讓顧客的選擇行為保持店景變化性，增加空間動感和趣味性，也成為有機的互動行為，鼓勵著消費者積極參與。

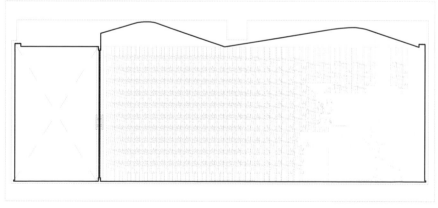

圖片提供｜水相設計

3

4　　5

3.4.5. **以永續理念作為設計主軸**　以咖啡豆的包裝作為店景裝飾，透過消費者選取與光影時間的變化過程，逐漸改變店貌之餘，也能減少商業空間需定期裝修所耗損的資源。

貨架設計保持使用彈性，翻轉軟硬思考

空間使用大量白色的基礎色調，創造出簡潔純淨的視覺效果，除可讓店面於繁雜街景中跳脫出來，也能讓視覺聚焦於咖啡豆產品本身的呈現。貨架的設立也盡量縮減存在感，以免搶走咖啡豆的視覺，並透過貨架空隙的光影變化，讓店面成為有機空間。另一側的貨架，預先考慮到未來商品可能產生的尺寸改變，將絞鍊當成貨架材質，不定義使用方式，讓業主使用上可隨意更動，減少未來貨架修改會產生的裝修廢材與成本。

因空間有限，設計上將所有機能整合於吧檯中，而不規則形狀並非設計手法，而是因應顧客入店的動線所需，將接待、客座與包裝等所需功能收納於吧檯之中。檯面刻意使用紅銅這種具有生命力、會隨著時間變化的材質，經由使用過程與時間累積，讓紅銅外貌的變化性也能帶來店內不同的風貌，吧檯下方的基座，則是以不同莊園的麻布袋會有的不同粗細紋理，將之轉印在水泥材質之上，挑戰硬 VS. 軟的固有思考模式，這部分施工太過細膩無法交由工班，而是由設計公司親自執行，以保證成果完美。

天花板因為有支梁會降低空間高度，此處運用設計手法盡量拉開樓高空間。在座椅選擇上，因市面上找不到能符合空間調性氛圍的解構性家具，因此水相設計也自行設計了座椅，成為獨一無二的訂製家具。整體設計以產品、永續為出發點，打造出一個既具視覺美感又充滿生命力的商業空間，希望這樣的設計手法能夠激發使用者的參與互動，從而讓空間成為一個不斷變化與成長的有機體。

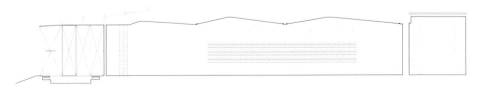

圖片提供｜水相設計

6

7

6.7. 選擇隨時間變化材質，變換店內風貌 以紅銅這種會隨著時間變化的材質作為吧檯，讓店內狀態也能隨時間推移。吧檯基座則翻轉軟硬觀念，使用裝咖啡豆麻布袋的紋理作為表面呈現。

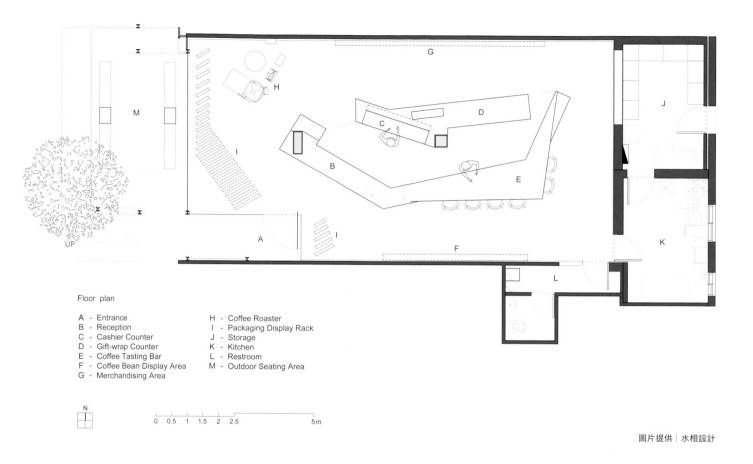

Floor plan

A - Entrance   H - Coffee Roaster
B - Reception   I - Packaging Display Rack
C - Cashier Counter   J - Storage
D - Gift-wrap Counter   K - Kitchen
E - Coffee Tasting Bar   L - Restroom
F - Coffee Bean Display Area M - Outdoor Seating Area
G - Merchandising Area

N

0   0.5   1   1.5   2   2.5   5m

圖片提供｜水相設計

Project Data

個案名：beanroom

地點：台灣‧台北市

類型：零售餐飲

坪數：40 坪

設計公司：水相設計

Designer Data

水相設計。成立於 2008 年的水相設計跨足室 與建築領域，秉持設計應如「水」
的初衷，純淨、有機又多變，本質上保持其原有簡潔性，意念上展現無框架可
能性，致力關注空間的故事脈 及時間光線，創造具有情感沈澱及意念想像的空
間。www.waterfrom.com

圖片提供｜水相設計　攝影｜Studio Millspace

8
9

10

8.9. **貨架尺寸保持使用彈性**　貨架的設計盡量減少存在感，以放大咖啡豆的包裝，並以可靈活運用的尺寸，來減少未來會產生的裝修改造。10. **不定義貨架使用方式**　以絞鍊作為貨架材質，讓業主使用上可隨意更動，減少未來貨架修改會產生的裝修廢材與成本。

圖片提供｜水相設計　攝影｜Studio Millspace

因為「限制」，激發創意大不同
伴境空間設計總監＿＿林承翰、黃家憶

林承翰與黃家憶於 2018 年一同創辦「伴境空間設計」，擅長設計複合式商空，並以品牌思維導入室內設計，不斷挖深故事轉化為空間，且為營塑品牌調性和空間氛圍，著重客製化家具和燈具設計等軟裝規劃，以「Tei by O'bond 沓沓仔 · 明茗茶酒研究室」、「Banbo 斑泊」餐廳屢獲 iF Design Award、金點設計獎、TID 台灣室內設計大獎等，迅速打開知名度。

_____ **People Data**

圖片提供｜伴境空間設計

文｜邱建文　資料暨圖片提供｜伴境空間設計

「創業之初，約好前三年不惜犧牲利潤而拉升品質。」然而，未久遭逢新冠疫情，可有案源？但林承翰直說案子反而更多，咖啡店、輕食和燒肉店都找上門，「可能相對於其他國家，台灣在疫情初期守得好，也沒封鎖，很多人都跑回來開業吧⋯⋯」

觀察細微挖深故事，用設計解決業主的營運難題

黃家憶帶著商空設計的一身武藝，林承翰亦不乏住宅案的精彩歷練，兩人的起手式都在刷設計的存在感，一直到接觸「Tei by O'bond 沓沓仔 · 明茗茶酒研究室」的茶酒商空，才慢慢沉澱於心，仔細聆聽業主所謂的「夢想」，而就在深入探問的過程中，開始認真思考導入「品牌」概念，林承翰不禁恍然得悟「這原本就是過去唸廣告設計科所涉獵的領域⋯⋯」

既多一層品牌設計的學習專業，就多一份對永續經營的體恤，也就懂得引導業主思考營運的模式、成本和目標；而林承翰又從「跟拍到你家」的日本節目中，發現主持人總能微觀細節而挖掘關鍵動人的故事，於是也摸索著和業主的聊天，從微小事物觀察而獲取更多資訊，再運用設計解決業主的問題，「例如透過動線的安排，讓前場、後場和廚房的行進順暢，可減少人力成本；這些都是從『限制』之中，激發更多的設計能量。」因此，「伴境」也像是陪著業主釐清開店計畫，對於是否想開第二家店、預計何時回收成本、有無店名和 Slogan 等，皆抽絲剝繭而加以整合，以完整形塑獨特的空間氛圍，讓消費者有更深刻的體驗之旅。

1. 從大門而入，以間接光投影於長廊，形塑陰翳寧靜的空間感，也導引走向前方神秘的光源，想要探索「Tei by O'bond 沓沓仔 · 明茗茶酒研究室」的幽玄秘境。2. 因深刻體認酒吧的靈魂人物為調酒師，因此著重於吧檯的氛圍營塑，藉以打造空間的魅力，進而讓人的使用行為和品牌產生共鳴。

| 1 | 2 |

圖片提供｜伴境空間設計

一般室內設計師因受限預算而多感挫折，伴境卻樂將「限制」視為挑戰，不畏困難想方設法，「我們不會以昂貴材料強調質感，但也不會因為成本而降低品質，而是將日常所見的材料經過特殊的轉化，以呈現令人驚喜的亮點。」

因「限制」而思考重點空間，將材質重新編排與轉化

黃家憶感激於早期的主管願意放手讓她研究各種材料，鍛鍊將舊材喚出新生命的實力，於是當伴境接案「Banbo 斑泊」餐廳，為呼應主理人將台灣在地食材提升到西式料理的優雅之境，便以台灣常見的鐵皮屋意象，將鐵皮、浪板、紅磚、角鋼、竹子、藺草等材料，透過酸洗等特殊處理和全新編排，呈現歲月的痕跡，將滄桑轉化為美，讓人得以沉浸於靜好的時光，悠緩地品嚐台灣食材的細緻形味。

此一大膽嘗試，源於林承翰看了一本插畫，描繪台灣人常在一樓開商店、二樓當住家，為了晾曬衣物又蓋了三樓的鐵皮屋，鐵皮屋可說展現出很強的生命力。而「斑泊」本取自「斑駁」的諧音，既有漫漫歲月淬鍊日月精華之意，亦有靠岸停泊的心靈歸處。

「限制」也促成重點空間的思考，「當有限的預算均質分配到每個空間，設計會變得平淡無奇，因此我們會導引業主思考哪一個空間重要，藉以強化設計亮點，而且不僅是視覺上的感受，更有與顧客的互動性。」「Banbo 斑泊」在 5×5 的量體圍塑中暗藏直上二樓的機關，護膚品牌「Nowhere Project」也設有形似機器手臂的乳液補充裝置，都是讓顧客透過使用行為而產生驚艷感。

釐清複合式空間的順序，以動線延續整體氛圍

強化重點空間也不只在材質和裝置的創意演繹，也包括空間布局的先後順序。尤其伴境多接案複合式空間，其中的「Cat Hotel & Café 愛貓成癮」以貓旅館結合咖啡的設計需求，便在釐清貓旅館有淡旺季的明顯落差之後，而有將貓房拆解為咖啡桌椅和商品展櫃的設計想法，既可替業主節省咖啡座的擺設花費，亦將空間利用極大化，而更重要的是將咖啡區營塑如飯店的接待大廳，串聯起後方曖曖光華的長廊與貓房，讓貓也有行進其中而舒適入住的愉悅感。

林承翰不急不緩坦然而言，「重點空間的細膩布局是為整體氛圍的延續性，讓人想要走完整個旅程，進而感覺到品牌的生活調性。」一如曾經接過服裝設計師的商空案，有整合咖啡、展覽和選物的多元需求，亦有咖啡、酒和服飾的串聯案例，都是在釐清重點空間之後，再依據淡旺季、不同的經營時段和業種特色，進行品牌門面和動線的串接。

圖片提供｜伴境空間設計

3

4	5	6

3.4. 為呼應「Banbo 斑泊」的品牌理念，以 5×5 的量體圍塑如鐵皮屋的方盒，引人走入暗藏其中的二樓機關，且以鐵鏽浪板重新編排，轉化為材質的亮點。5.6.「Cat Hotel & Café 愛貓成癮」將貓旅館打造如飯店，且為因應淡旺季，入住的硬體設備皆可拆解組構為咖啡座，讓空間可互為消長又節省開店成本。

圖片提供｜伴境空間設計

圖片提供｜伴境空間設計

思考使用行為，讓人和品牌發生關係

複合型的空間未必要大，不同的需求亦可整合在同一空間。以代理維也納長滑板的「The platypus café 鴨嘴獸咖啡」為例，林承翰基於國外城市常見人手一杯咖啡一手抱滑板的街景印象，將咖啡和滑板結合，並以製造公園的場景感為概念，於淺色明亮的空間基調，設計以滑板坡道的曲線躍動，也有散落隆起如跳台的咖啡矮座，滑板展架則以豎起的枕木意象為設計，有若一株株大樹；且參考公路的地景，將仙人掌錯落其中添抹綠意。

他強調，「符合品牌的元素設定，不一定是材質，也要思考使用行為，讓人和品牌發生關係。」將多元空間融合一處也是一種「限制」，伴境仍以此引為靈感的觸媒，「我們必須找出空間的連結性到底是甚麼？或場景、或時間、或互動的體驗，都可讓人參與其中而連結而共鳴，這種共鳴就是品牌識別。」

不僅如此，伴境也深知品牌的魅力來自於主人，天花板滿滿懸吊的燈具蒐藏，即可見業主的品味和個性，從而延伸於空間。熟悉的酒吧商空案，林承翰亦深感於酒吧的靈魂在於調酒師，而特別著重吧檯的設計，形式、材質和燈光皆深細考究。有的主理人喜愛動漫，空間設計則見炫光異彩或處處機關的奇幻感。

此外，家具的質感亦可體現主理人的個性；然而一般室內設計多著重硬體而少見軟裝參與，使整體的氛圍營造有所減分，因此伴境選擇專為業主的空間而設計，就像是專屬的訂製品，雖然耗時費工，卻可彰顯業主對美感和品味的堅持，而價格未必比知名品牌高。

以換位思考和業主溝通，把夥伴圈在同一平台

家具之於室內設計，如同平面設計之於立體空間，看似各自獨立的專業，實有相互呼應的加乘效果。也因此，伴境的夥伴包含外部的朋友圈，有家具、產品和平面的設計專業，也有插畫家等，「畢竟吧檯椅的高寬深度、商標和菜單的設計，都是營塑整體風格的重要元素；藉由不同領域的專業介入，可協助業主進行實體感受的溝通，插畫的筆觸也可清楚解析產品的構件與組合。」

而伴境創業至今五年，黃家憶自認最大的改變就是「換位思考」，不再使用設計師的語彙，也不再強調好看的形象，而是站在業主的角度溝通，同時在前端就已經帶著業主參觀同類型的實體店面，讓彼此的語言和觀念更為接近，「尤其是複合空間，不是只講一件事，而是用很多角度去看，因此也會把所有夥伴都拉在同一平台思考。」

此外，伴境也不斷汲取業主的深厚專業，透過互動與對話，更能精準切入痛點而提供更超乎預期的服務；進而將累積的經驗分享給下一位客戶，不僅給予更好的建議，也提供更多的方案選擇。林承翰直指伴境單純的設計案需時二到二個半月，「也許前期溝通討論的時間較長，但可協助業主完備開店細節而順利營運。」

黃家憶和林承翰都具有喜歡挑戰的特質，把「限制」視為逆境成長的動力；也因為將商空設計回歸於品牌核心，使空間浸染特殊的美感氛圍，而引起更多的迴響，乃至近年多接獲複合式商空案。「我們自覺與業主的溝通並不強勢，但仍有質感的堅持，而未來更有向陌境挑戰的雄心。」喜歡看書看電影的林承翰劍指圖書館，喜歡美食的黃家憶則想望旅店設計，對於才三十出頭的他們來說，未來的路很長，而夢必然不遠。

7		
8	9	10

7.8.9. 雖為長滑板的展售空間而設計，但結合城市與咖啡、公路和公園場景的意象，加上業主的燈具蒐藏，打造「The platypus café 鴨嘴獸咖啡」的個性魅力。10.「Nowhere Project」將護膚產品的裝瓶設計也打造如機械手臂的科技感。

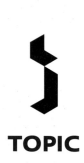

TOPIC

2024 餐飲空間設計特集

場景式空間行銷術——文化性・科技性・儀式感

INTERVIEW ——場景式餐飲空間設計發展趨勢

餐飲空間作為舌尖上的戰場,已不再是好吃、空間舒適就能取勝,面對不斷求新求變的消費趨勢,製造各式各樣的場景,打造「差異化」的同時,也從設計服務,提供不同的體驗,找到顧客也贏得市場。透過空間設計人的觀察——來探究場景式餐飲空間設計這幾年來的發展趨勢。

I-SELECT ——場景式餐飲空間設計案例賞析

規劃餐飲空間時為了讓顧客獲得不同的層次體驗,甚至能感受到品牌的核心價值,空間設計人聯手品牌一起透過不同的場景設定,同時疊加各種服務與行為體驗,讓人進入到餐廳不僅僅是吃飯,更是享受、沉浸在用餐環境裡的一切。蒐羅國內外各地場景式餐飲空間設計案例,以「文化性」、「科技性」、「儀式感」分類來加以介紹和說明,探究空間設計師如何透過各式場景為餐廳製造好的消費體驗。

場景式餐飲空間設計發展趨勢

現代人前往餐廳用餐，逐漸從滿足口慾之需演變成一種文化消費，享受美食之餘，還熱衷於餐廳本身所提供之體驗式行銷。餐廳透過各式主題、創新設計，甚至到近期更結合新科技、新媒體，打造屬於餐廳的沉浸式體驗，這不僅讓用餐成為一種享受，也使餐廳逐漸成為觸發感官體驗、互動的重要場域。透過空間設計人的觀察——來探究場景式餐飲空間設計這幾年來的發展趨勢。

文、整理｜余佩樺、賴姿穎、李與真　圖片暨資料提供｜ADARCHITECTURE｜艾克建築設計、古魯奇建築諮詢公司、空間站建築師事務所、根果設計、Owen Raggett　攝影｜歐陽雲、蔣衍青

ADARCHITECTURE｜艾克建築設計總設計師謝培河指出，餐飲空間設計在這幾年有了很大的轉變，已經不再是單純地空間設計，而是將各種元素結合起來，提升用餐體驗的同時也帶來了更高的經濟效益。「這種轉變源於現代人對用餐過程的需求變化，從填飽肚子到追求美味，再到現在訴求整體用餐體驗，目的都是讓顧客進入到餐廳不僅僅是吃飯，更是享受、沉浸在用餐環境裡的一切。」

古魯奇建築諮詢公司設計總監利旭恒也認為：「在現今的餐飲市場中，餐廳不僅僅是一個提供美食的場所，而是一個能夠持續提供『情緒價值』的空間。這種轉變背後有幾個關鍵的驅動因素，使品牌將場景式行銷導入餐飲空間成為一種必然趨勢。首先，消費者需求的演變是重要契機。現代消費者尤其是 90 後和 00 後的 Z 世代，追求個性化和多元化的體驗。他們不僅僅關注產品的

利旭恒
古魯奇建築諮詢公司
設計總監

餐廳不單只是提供美食的場所，而是一個能夠
持續提供情緒價值的空間。

圖片提供｜古魯奇建築諮詢公司　攝影｜蔣衍青

1. 位於北京的「粵界」海鮮火鍋嘗試將粵菜跨界戲曲，共譜一齣唇齒留香的好戲。

質量，還希望獲得獨特且難忘的體驗。隨著消費行為的升級，『情緒價值』變得尤為重要，因此，餐廳需要透過特定的場景和氛圍來與消費者進行情感互動，建立深層次的情感聯結。」

主題設計為餐飲空間建立特殊場景

場景式行銷的差異化操作體現在多個面向上，主題式設計是一個重要手段，這也是早期最為普遍的一種呈現方式，透過異國風情的設計元素，如裝飾、音樂、燈光等，讓顧客彷彿置身於另一個國度，提供沉浸式的用餐體驗。另外特定的主題設計，如表演、電影、書籍、歷史事件等，也能吸引特定興趣愛好者，創造共鳴。像是位於北京的「粵界」海鮮火鍋，便以戲曲元素演繹粵菜文化，整個空間設計宛如一個劇院的場景，顧客可一邊用餐一邊欣賞京劇表演。這種設計不僅創造了一個視覺和體驗上的焦點，還將中國傳統文化與現代餐飲結合，形成獨特的品牌定位。劇院舞臺般的布簾、燈光、以及代表北京的大紅牆，讓顧客感受到濃厚的文化氛圍，增加了餐廳的話題性和吸引力。

以設計回應歷史文化，牽引品牌與在地的連結

隨著生活水平的提高，消費者對於上餐館不再僅止於口舌之間的滿足，而是希望透過味覺追求舌尖體驗、探尋背後故事之外，亦能藉由空間感受到地域文化。因此在餐廳的場景式行銷過程中，也看到空間設計人試圖以設計回應當地的歷史與文化，牽引出餐飲品牌與在地的連繫。

「Talaga Sampireun」為印尼連鎖餐廳品牌，以湖畔用餐體驗聞名。餐廳建築經過精心設計，既創造了典型的用餐體驗，還建立了文化價值；再看向由 AB Concept 所規劃的蘇州四季度假酒店「金璟閣」餐廳，以中國傳統園林理念作為設計基石，以現代視角演繹中國園林意境，獨特的戶外景色與室內設計融為一體，共同打造沉浸式用餐體驗。無論「Talaga Sampireun」還

圖片提供｜Owen Raggett　　　　　　　圖片提供｜古魯奇建築諮詢公司

2 3

2. 此為「金璟閣」的包廂區，每間包廂均精心配有舒適的休息區，透過薄木裝飾面的圖騰與編織物作出點綴，搭配淺色地毯，為包間增添寧靜的統一感覺。3.「全聚德」以全像投影技術為顧客帶來了前所未有的場景式用餐體驗。

是「金璟閣」，皆嘗試融合傳統與現代碰撞出新火花，好讓不同世代的人能從一個新的角度去做認識、甚至理解在地文化。

場景設計須抓緊市場與客群脈動

隨著科技技術的盛行，餐廳裡的場景營造也變得多元。像位於加拿大溫哥華以烤鴨著名的餐廳「全聚德」，為了能夠超越傳統的飲食體驗，空間中導入了全像投影技術，科技與傳統文化的結合下，為顧客帶來了前所未有的場景式用餐體驗。顧客在等待用餐的過程中，桌面上會出現各種栩栩如生的全像投影，包括北京的名勝古蹟、傳統的舞獅表演、甚至是烤鴨的製作過程，全像投影技術不只增強視覺效果，還提供了豐富的文化背景知識，使消費者在享受美食的同時，也能感受到濃厚的中國文化氛圍。「場景式餐飲行銷講求流行性和話題性，它也必須與空間設計緊密結合才能達到最佳效果。」利旭恒說道。

謝培河不諱言，餐廳運營的目的最終是盈利，因此在餐廳設計上除了緊跟趨勢脈動，另外也必須考慮到客群需求，特別是不同年

齡層和背景的消費者,得靈活運用各種設計手法創造出符合市場需求的用餐環境,才能有效地帶動人流上門。幾年前社群媒體相繼崛起,幾乎是全世界人都在瘋打卡,除了餐點賣相,裝潢設計上出現一些潮流打卡點,便能為餐廳帶來更快速的社群擴散。

餐廳內處處是打卡熱點,讓人想一來再來

年輕人拍照打卡上傳,目的就是展現自己,也因此餐廳店家開始在空間裡規劃具特色的打卡牆,透過消費者的分享,提升了品牌的曝光率。利旭恒認為,「打卡牆與社交媒體的應用也是場景式行銷的重要部分。設計具有吸引力和視覺衝擊力的打卡牆,鼓勵顧客拍照分享,透過社交媒體進行免費宣傳,以擴大品牌影響力。」謝培河指出,「隨著網路的普及,餐廳也已從傳統行銷走向社群行銷時代,因此場景式餐廳的設計不僅僅是美學上的表

謝培河

ADARCHITECTURE│
艾克建築設計總設計師

設計師需要敏銳地捕捉市場變化,並在設計中反映出來。

圖片提供│ADARCHITECTURE│艾克建築設計

4. 重新梳理「常虹」品牌後,以具時代性的線條、色澤、材質譯空間,讓場景更具戲劇張力。

現,更是一種策略性的運營方式,除了具吸引眼球的打卡牆外,整體的空間形象還必須要能體現品牌文化,讓顧客在餐廳的任何角落都能感受到品牌的存在,並觸發顧客拍照打卡、分享的慾望。」的確,為了不發生顧客打過一次卡、嘗鮮過後就不來了的情況,發現到,現今餐廳內的場景不再只是標準單一化的「網美打卡店」,反而透過多樣化的設計,讓各式「場景賣點」能真實地滲透到場內各處,好讓年輕消費者在場景中自主發揮,呈現自己想要的樣子,並在社群上創造出多樣的打卡照片,不僅製造出「一打再打」的效果,也激發他人想再光顧的慾望。

然而餐飲消費世代不斷在更迭,如今 Z 世代成市場消費主流,對於餐飲環境不再只是一味追求打卡牆,更希望場內的場景與體驗能更立體化,宛如身歷其境一般。為迎合需求,從最早上海的「Ultraviolet by Paul Pairet」,再到韓國新開幕「KANI LAB」,餐桌所調配的燈光、音樂、投影、效果、氣味等,皆是依據每道料理進而量身設計的情境,將飲食體驗從視覺轉移到其他感官,讓吃飯不單只有停留在飽食層次,更是進入一場擁多重感官的饗宴。

將動態、儀式感知帶入用餐體驗

餐廳的場景行銷發展到現在，除了營造精緻美感的空間，吸引自媒體拍照打卡，在空間中也看到不少空間設計人嘗試將動態、儀式等感知帶入餐飲環境中，讓沉浸體驗能更加深刻。

根果設計建築師趙順義認為在動線上的安排能做出差異化，讓消費者在進入餐廳前，或是在餐廳場域中，藉由動態場景的營造使身心沉澱，並感受空間與建築的魅力。以藏於富貴三義美術館中的「富貴牡丹藝術人文餐廳」為例，須先行經室、內外交織的步道，靜下心來體驗類似中式園林步道的場景，或者進入展場欣賞藝術品，來回穿繞的迂迴，增加了身心靈與自然、建築、室內的互動，最終將感知與意識帶到用餐過程中，如此親近自然、放鬆心靈的美好體驗也成為深刻記憶。由根果設計操刀的「立軒閣文

圖片提供｜根果設計

5. 「立軒閣文化廚苑」以歷史建築中的柱列方向性成為動線引導，讓顧客不只可以順著柱列探索用餐環境。

`5`

趙順義
根果設計建築師

藉由動態場景的營造使身心沉澱並感受空間的魅力。

化廚苑」也以歷史建築中的柱列方向性成為動線引導，讓顧客不只可以順著柱列探索用餐環境，設計上刻意將室內外產生連結，品嚐料理之餘，亦能與環境有更多的互動性。

位於圓山大飯店東密道旁的「覓到酒吧 MEET」，則是在入口處設置了極具藝術性的書寫牌子外，更把過去的房卡，重新打打造後作為開門鑰匙，讓步入酒吧經感應門前的瞬間，也能充滿引人遐想的探索樂趣。

場景融入品牌特質，做出差異也提升競爭力

空間站建築師事務所主創設計師汪錚操刀過不少餐飲空間，他提出思考場景設計時，試著放入一些操作過程，尤其是當與品牌特質融合時，能有效激發消費者的興趣。「人們對食物製作過程的興趣來自於『與食物的根本聯繫』，若能在場景故事中融入食物製作過程，是更為直接且有趣的方式，也能讓用餐成為一種享受。」像是在「拾柴手作蘇州觀前街店」的設計中，特別把原本

隱藏在後廚的蒸煮環節搬到空間的中心位置,不僅營造出了一個鮮明的「製茶手藝人的舞臺」,更讓人們在品茶的同時,欣賞到製茶的藝術過程,有效加強對空間、甚至是對品牌的印象。

利旭恒也認同思考場景時,可以借助空間設計的力量,一起把品牌的價值突顯出來,場景主題更具意義,也能替品牌說出一口好故事。規劃「海底撈」時發現品牌因擁有優質的食材供應鏈,進而深獲消費者的信心與認同,因此在設計上以超級市場的空間概念做切入,不僅利用超市展示出琳琅滿目的新鮮食材,超市更採用透明玻璃封閉式設計,顧客能看到廚房人員在超市中拿取各類新鮮食材進入廚房切配及擺盤,突顯產地直送、直達餐桌,訴求新鮮看得見、吃得到用餐氛圍。「這樣做不僅展現品牌豐富的食材供應鏈,還提升了顧客的互動體驗,讓消費者對海底撈的品牌價值有了更直觀和深刻的認識。這也意味著品牌與設計師在創造

圖片提供│空間站建築師事務所

汪錚
空間站建築師事務所
主創設計師

場景中放入一些操作過程,能有效激發消費者的興趣。

6
6. 「拾柴手作蘇州觀前街店」將蒸煮環節搬到空間的中心位置,營造出鮮明的「製茶手藝人的舞臺」設計。

場景式行銷時,需要緊密結合品牌的核心價值和競爭力,並透過創新的空間設計將這些價值具體化和可視化,場景設定才會更有意義。」利旭恒補充道。

面對未來,利旭恒認為,接下來的場景式餐飲行銷將會更加注重創新和差異化,並且更加關注顧客的需求和提供情緒價值,以滿足不斷變化的市場需求。特別是會更加注重為消費提供個性化的用餐體驗,例如根據顧客的喜好和偏好訂製菜單或活動,創造獨一無二的用餐服務。再者,隨著數位互動方式的進化,不僅讓場景從現實走入虛擬,轉換時空、情境更不是問題,接下來虛擬實境(VR)、擴增實境(AR)的應用會更廣泛之外,興崛起的 AI 勢必也將能為用餐中的各項體驗增添樂趣。

下一章節「I-SELECT 場景式餐飲空間設計案例賞析」將以「文化性」、「科技性」、「儀式感」三大面向,介紹國內外新興的餐飲空間設計,探究設計師如何透過各式場景為餐廳製造好的消費體驗。

THOMAS CHIEN Restaurant
永續餐廳裡的味覺航行

於高雄深耕法餐多年的「THOMAS CHIEN Restaurant」迎來了新的節點,藉由品牌理念、菜餚與用餐環境的全面更新,更明確了循環永續餐廳的目標。創夏設計 TaG Living 團隊發揮跨領域設計的實力,以永續、跨界合作、料理藝術與友善土地為設計主軸,回應綠星餐廳的理念。

文化性場景　設計心法

1. 跨領域材料研究開創 3D 列印運用。
2. 善用港灣印象加深與菜餚理念的連結。
3. 運用廢棄材料呼應餐廳倡導的永續價值。

文｜賴姿穎　圖片暨資料提供｜創夏設計 TaG Living　攝影｜趙宇晨

1.2. **優雅書寫港都意象**　室內整體設計與高雄港灣意象緊密連結,以法式優雅的輪廓描繪出風帆意象,象徵跨領域與文化的結合。3. **以永續的空間回應餐飲理念**　這間位於高雄在地經營十幾年的米其林綠星餐廳,藉由全方位的翻新更貼合永續的餐飲理念。

主廚簡天才長久以來與小農合作使食材在地化，邀請國內外主廚舉辦聯合餐會，並提倡綠色餐廳的循環，慷慨分享其理念與知識，在法餐界是受人景仰的存在。此次藉由餐廳空間的翻新，由內而外實踐永續理念，除了過往倡導的綠色餐廳精神，更在菜餚上提高了蔬菜比例。餐廳空間則是交由創夏設計 TaG Living 操刀，在跨領域永續材料研究擁有豐富的經驗，為 THOMAS CHIEN Restaurant 打造最合乎理念的用餐空間。

多層次意象展現餐廳理念

餐廳距離海港步行可至，因而設計中自然融入港口、船舶的元素，如遊艇包廂、甲板木地板、象徵海洋的地毯，又或者櫃檯如船體的流線型線條，其中以風帆造型架構中環用餐區，一方面也能解讀為台灣傳統棚下宴客的記憶，或為法式拱頂的曲線，以籐編與塗料虛實材質交會，多重意義指涉讓核心精神深度融入餐飲空間中，同時彰顯主廚簡天才跨界合作的理念，以及融合在地與法餐精神的創意料理。

材質運用呼應綠星餐廳的循環與再生概念，與台灣材料品牌「樂土」的郭博士合作，將牡蠣殼廢料經煅燒與磨碎後製成無水泥塗料，運用於天花、立面與棚頂造型，以及融合中鋼爐石殘渣與蚵殼廢料，藉由 3D 列印技術製作為服務櫃檯、桌腳與等候區座椅。永續材料在製作上趨近於淨零碳排，並且技術上突破色彩限制，成就空間中自然淡雅的氛圍。另外，地毯特別選用以漁網回收再製的英國品牌，吊燈則是與花藝師合作設計，以植物素材結合風帆與海浪意象，材料包含咕咾石、紅藜、麻料等，如同拍打著海港、瞬息萬變的泡沫與浪花，以美感連結在地。

簡單的設計滿足多種需求

餐廳內有 50 人座位的需求，包含開放性座位與包廂空間，而座位間須保持舒適、彼此不擾的距離，中環區的座位儘管靠近人流紛雜大門，卻能透過向面內圈與卡座的包覆形式，確保用餐的安定感，並且能在外圈增設餐檯，便於置放酒水及服務餐點。大小包廂區則需容納 6～20 人，以兩個相通的空間做彈性使用，也藉由船艇窗造型達到透視與強化隔音的效果。此次的空間重整嘗試突破傳統法餐印象，增加了備餐檯與餐車的桌邊服務，以簡化桌面的繁複餐具，並且運用易清潔、耐用的陶板桌取代桌巾，設計團隊於是讓桌巾的柔軟褶皺轉化為 3D 列印桌腳。

空間中的出餐與用餐動線依中環形成順暢流動，地坪可見兩種材質，木地板與地毯，象徵海港過渡至海洋，以及漂浮於海上的船舶甲板，同時地坪分布也形成空間方向的引導。以有機樣態的天花造型，修飾了原始大樓結構梁，以 CNC 技術做精準定位與切割，並透過細縫勾勒出建築結構的美感。燈光設計則分為三個層次：吊燈、線燈與投射燈，用餐時刻打燈於桌面，而桌外相對暗以襯托菜餚成為主角，當有包場活動時，室內的燈具能隨之拉高明度。

此案的每個細節，都能看見創夏設計 TaG Living 團隊傾盡心力做研究的足跡，過程中面臨許多突破性的挑戰，每每獲得很大的啟發，讓主廚簡天才的理念不僅體現於菜餚，更注入體感氛圍中。創意總監王斌鶴強調「做有意義的設計」，藉由這些歷程創造新的可能，並深度連結。

4

5   4.5.6. **中環區座位為室內亮點**　中環座位區彰顯港灣意象，即便與大門相鄰仍能保有隱密性與安全感，

6   並鋪設象徵海洋的地毯引導動線。

7. **有機線條修飾原始結構** 以 CNC 技術做精準定位與切割出的有機樣態天花造型，不僅修飾了原始大樓結構梁，更藉由細縫勾勒出建築結構的美感。8.9. **依需求彈性使用的遊艇包廂** 以遊艇意象打造兩個包廂區，小窗保有空間透視感，同時具有隔音與隱蔽性，兩間包廂也能結合為大包廂使用。

8
7	9

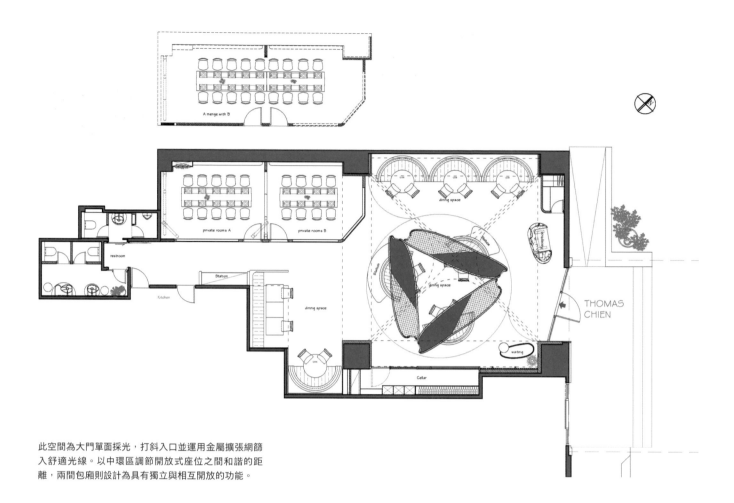

此空間為大門單面採光，打斜入口並運用金屬擴張網篩入舒適光線。以中環區調節開放式座位之間和諧的距離，兩間包廂則設計為具有獨立與相互開放的功能。

Designer Data

設計師：王斌鶴、王斌顯、陳曉嫻

設計公司：創夏設計 TaG Living

網站：www.tag-living.tw

Project Data

店名：THOMAS CHIEN Restaurant

地點：台灣・高雄市

坪數：198㎡（約 60 坪）

平均客單價：新台幣 2,300 ～ 4,000 元

座位數：56 席

建材：蚵殼、中鋼爐石、廢棄漁網、3D 列印、籐編、金屬擴張網、鐵件、木作、咕咾石、紅藜、麻料、銅

10.11.12. **運用廢棄材料點石成金** 設計團隊投入永續材質研究，使用材料包含中鋼爐石殘渣、蚵殼廢料、水庫淤泥塗料、廢棄漁網等，結合植物媒材，製作為 3D 列印桌體、藝術吊燈等。

10 11 12

PLUS+ 施作工序解析

STEP 1 3D 外觀與結構模擬評估

依設計造型在 3D 模擬器裡評估，確認列印出來的重量、傾斜角以及結構可行性，特別是此案的櫃檯與木做結合，公共椅與皮墊結合，需特別留意與異材質接合的結構設計。

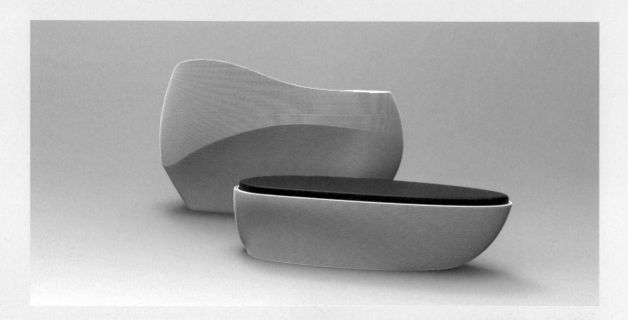

STEP 2 粉漿準備

設計團隊希望以完全廢物再生的方式製作無水泥 3D 列印家具，使用了台灣蚵殼以及中鋼爐石作為材料，並且不使用染劑，以材料本身的色澤做調和，此階段確定合適的顏色與質地粗細。

STEP 3 定位與試運轉

在 3D 列印的機台上要先做定位，並且試運轉機台以熱身，確認能列印出均勻一致性的結構，暖機預跑直到在指定位置與尺寸上達到穩定的狀態，才會進行下個階段正式的列印。

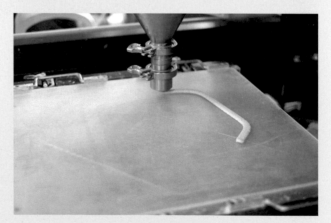

文｜賴姿穎　設計、資料暨圖片提供｜創夏設計 TaG Living

STEP 4 正式列印

首先要預估造型上傾斜角的弧度,去計算傾斜
程度,這是為了估算暫停等待凝結的間隔,這
個部分需參考過去的列印技術與經驗,可能每
間隔 20 公分、30 公分或 40 公分做一次間隔。
等待第一層穩固再列印第二層,第二層穩固再
列印第三層,每次間隔的程度也依結構造型、
使用材料而不同,靜置所需的時間也都不同。

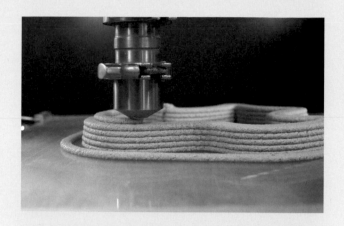

STEP 5 靜置凝固與塗裝

列印完成後,靜置等待粉漿體凝固,以櫃檯完
成品為例,可以看到明顯三個分層,即為分了
三次靜置,此為經過電腦計算,並預估粉漿乾
燥的時間。此造型挑戰了很大的曲度傾斜,列
印過程需防止倒塌,並且要達到很順暢的接
合,所以採三次的列印,最後噴上保護漆,能
夠防止灰塵,方便清潔保養。

STEP 5 最後完成品

最終完成的作品,展現設計團隊新穎的嘗試,有機造型讓櫃檯線條更柔美與雅緻。

立軒閣文化廚苑
迭代老屋裡的食光之旅

隨時光流轉變動型態的百年老宅，佇立於彰化縣的巷弄中，經過樸質的空間整理，化身為美味餐館。藉由設計彰顯建築的歷史本質，更讓設計能量擴展至戶外，規劃與社區串聯的未來計畫，讓更多人能經常行走於此百年建築中，加深與這片土地的歷史文化之連結。

文化性場景　設計心法

1. 以空場突顯具歷史感的柱列與水池。
2. 簡單的保護漆與燈光呈現空間樸質感。
3. 引導動線至院落，增加與社區的互動。

文｜賴姿穎　圖片暨資料提供｜根果設計

	3	
1	2	4

1.2. **營造戶外動線，創造更多互動性** 刻意將通往衛廁的動線引導至室外，並且綠化戶外環境，增加賓客與院落、周邊環境互動性。3.4. **重新打磨的歷史的空間** 傳承百年的歷史空間持續被人們使用，三合院廂房的骨架與洋樓相銜，壓縮了百年的時光與此地。

此中式料理餐廳原為吳德功紳士的故居，以其號「立軒」命名，並期許此處成為文化廚苑，藉由空間連結新舊記憶。整體建築能看出歷經幾代更迭的痕跡，建構物包含傳統三合院的木構遺跡、西化的洋樓建築、現代化的屋宅，以及新增於院子裡的衛廁空間。年邁的屋主最關注兒時場景的留存與再現，承租的業主同樣十分重視其中豐富多面的歷史感，因此承接屋主的意志，減少格局更動，展現最原始樸質的空間樣貌。

以純粹的樣貌昇華空間感

屋主回憶兒時，一樓前半部過往為爺爺的診所，柱列之間少有隔間，並希望天井下的圓形水池能被重現。施工時首先剔除了表面材質，將地整平，以保護漆做表面處理，由於需要空間較大的內場，配置須考量維持空間的敞開性、減少影響中間的柱列，以及讓門口至戶外的歷史木構之視野無所阻礙。於是將內場位置後靠於角落與其中一支梯間做結合，並且刻意讓隔間牆面與柱體脫開 15 公分。保留了敞開的空間感，沉默謙卑的歷史柱列於焉顯現，天井光灑落於水池造景成為空間焦點，靜態建築使人陷入時光之流。

整體用餐動線因內場的配置向左偏移，柱列的方向性成為動線引導，加之燈光的延伸，自然而然瞥見戶外景觀，尤其鄰接的木構造，源自於古時三合院的西廂房，以此鋪陳院落的探索性。用餐區的形式包含多人合桌以及吧檯，因應新型態的用餐習慣，同時能滿足每組多或少量的人數，餐盤也精緻化而不佔桌面，吧檯區甚至成為部分老饕的指定座位。此外，吧檯區放置一漂流木，成為業主陳列花藝的舞臺，後方留白的壁面在未來能舉辦小展覽，或者提供展示物件的可能性。

洋樓內的牆體以水泥粉光與保護漆做簡單修復，其中一面牆以白漆做色系整合，仍保留磚牆紋路，歷史柱列則是剔除表面材後保持粗裸美感，搭配簡單的花藝與水池造景，讓人們體驗純粹的空間感。天花板自然呈現梁構，配置軌道照明，繁複的走線收攏於天花一側的黑色量體，沿著下方的黑色吧檯延伸，拉長視覺比例，形塑此區獨特氛圍。除了軌道燈，亦使用營造氛圍的光線，以實木結合條燈映照出洋樓的大門口，中段天井以間接照明的方式往上打光，使人注目其特有的結構，內場隔間外的平台亦延伸燈條，創造別緻的用餐氣氛，戶外木構使用軌道燈，降低對於遺跡的影響，院落步道則以地燈照亮腳步。

讓歷史文化深化在地

關於這棟建築的完整性，不只是聚焦於室內，更進一步讓動線延續至戶外，特別將衛廁空間設置在院落後段，牽引著賓客的足跡至戶外，在行經木構造與步道過程中，與周遭環境連結感知。並且此餐廳位處彰化成功路熱鬧區塊，戶外空間的規劃將社區與城市的布局，未來能串聯鄰近巷弄，創造更深入當地歷史文化的體驗。

空間設計討論的過程，不僅僅是設計單向配合品牌精神，事實上餐廳定位也相隨調整，甚至轉向，由內而外的每一個細節都是為了讓故事完整呈現，使空間與飲食文化結合的體驗更為豐滿。

5
6
5.6. **寬敞的空間感，讓歷史原味呈現** 洋樓內以留白與暢通的視野營造空間感，給予簡單舒適的用餐體驗，並藉由動線與視覺串聯戶外的歷史木構。

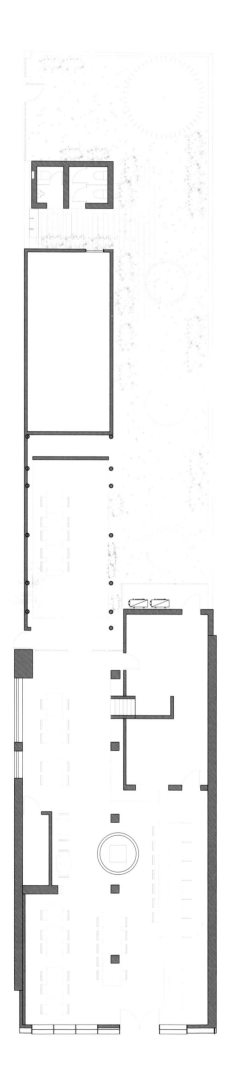

需要較大空間的內場配置於角落，因而整體動線向左偏移，以歷史柱列座位方向引導，藉由暢通的動線連繫門口、洋樓空間與戶外的木構造、院落造景。

Designer Data

設計師：趙順義

設計公司：根果設計

網站：www.oriphase.tw

Project Data

店名：立軒閣文化廚苑	平均客單價：新台幣 600 元
地點：台灣·彰化縣	座位數：50 席
坪數：80 坪	建材：實木、水泥、塗料

7.8. **以燈光設計點綴視覺焦點** 歷史柱列、天井與水池作為洋樓內的視覺焦點，戶外亮點則是木構造與院落景觀，藉由燈光呈現不同的感受。9. **以最簡單的材料保留歷史感** 根果設計僅使用透明保護漆與局部油漆，避免使用飾材，讓壁面、柱體呈現原始樸質的空間感。

7	8	9

Talaga Sampireun Bali
像河流一樣蜿蜒的水上餐廳

「Talaga Sampireun」是印尼當地著名的連鎖餐廳，新落成的「Talaga Sampireun Bali」以過去座落於水上村莊為設計靈感，餐廳沿河而生、像河流一般蜿蜒，不僅僅在獨特建築風格的舒適場所用餐，同時亦能與湖水親近。

文化性場景　設計心法

1. 從在地傳統建築特色形塑用餐空間。
2. 結合美食連結當地自然風貌新體驗。
3. 取用當地材料讓空間氛圍更接地氣。

文、整理｜余佩樺　圖片暨資料提供｜K-Thengono Design Studio　攝影｜Indra Wiras

1.2. 建築空間中的光影體驗　空間中設計了不同的照明計劃，邊用餐邊享受不同的光影體驗。**3.4. 餐廳設計從河流做靈感出發**　餐廳的特點是建築物宛如河流一般，主用餐區安排於湖面上，透過彎曲的通道連接起來。

印尼本地餐飲品牌 Talaga Sampireun，一直以來以湖畔用餐體驗聞名，最新開幕的 Talaga Sampireun Bali 是品牌旗下第九間分店。由於峇里島作為國內外遊客的主要旅遊目的地之一，且品牌看到了當地湖畔用餐體驗的市場缺口，促使他們進駐此地，希望能為此帶來不一樣的餐飲體驗。

餐廳設計貼近當地的地貌環境

Talaga Sampireun Bali 由 K-Thengono Design Studio 操刀，設計團隊為了更進一步推廣將品牌一直以來的理念，設計從傳統水上村莊做出發，讓餐廳從空間形式、餐點、服務、甚至體驗，都更融入峇里島當地。

印象中水上村莊的建物多半都是沿著河興建的，設計團隊為了讓餐廳與環境貌更貼近，建築造型設計的主軸始於一條蜿蜒的河流，河流的流向被重新詮釋後，沿湖泊環繞出一個連續且曲線優美的新「河流」，餐廳裡所有的布局皆沿著河流中央依序展開，包含主餐廳、VIP 餐廳外，也沿著河建造露天小屋、遊樂場和人工湖等，各項設施皆透過彎曲的通道連接起來。

自入口進入大廳後，會先看到一個很高的天花板，再走向通往用餐區的走廊時，天花板逐漸降低，與周圍廣闊的景觀形成鮮明對比，再者也藉由天花高低隱喻河流高低起伏的狀態，製造不同的視覺體驗。為了讓顧客能與大自然更貼近，設計團隊規劃了鏤空的屋頂，天窗設計使得空間能沐浴在自然光中，亦能增加視覺趣味；再者空間採取全然的開放，刻意不設計任何隔牆，為的就是要充分利用自然通風，營造出清爽的開放感，同時也藉由這種開放刺激身體五感，以享受大自然的一切。

選材、建造工藝皆取自當地

餐廳中很多靈感源、建材選用等都是取自在地，為的就是讓整體設計更接地氣。像是露天小屋的屋頂呈樹葉形狀即是受香蕉樹葉形狀啟發而生，不僅能為空間遮擋熱帶氣候的酷熱以及大雨，同時又能與傳統的河邊村落遙遙相呼應。另外像天花板裝飾是由當地工匠以籐條製成，營造出手作溫度之外，也把當地的好工藝表露無遺。材料運用當中選擇了像是柚木、黃銅和紅磚等，這些都是在當地很常見、很普遍的材料，一來展現具經濟效益和可持續性設計、二來所呈現出來的建築物也能更適應在地氣候與環境。

除此之外也可以看到設計團隊在面對這些材料時，試圖想做出突破，像是建築空間中所用到的木料、磚材等，藉由現代手法再與當代的鋼構結合，好讓傳統建築也能展現出時代下的新味道。

5
6
5.6. **天花高低如河流起伏** 建築造型取自河流，回到內部空間亦藉由天花板的高低設計回應河流起伏，同時也帶來不同的視覺感受。

7   9

8   10

7.8. **建材選用取自當地**　搭建的建材皆取自當地常用之材料，展現的不僅僅是永續設計，還有文化價值。9.10. **屋頂造型取自香蕉葉**　受香蕉樹葉形狀啟發的寬闊屋頂，能有效為空間遮擋熱帶炎熱和大雨。

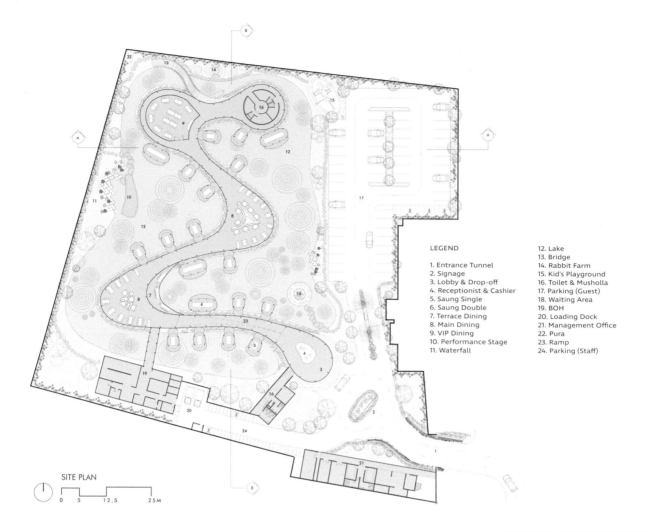

LEGEND

1. Entrance Tunnel
2. Signage
3. Lobby & Drop-off
4. Receptionist & Cashier
5. Saung Single
6. Saung Double
7. Terrace Dining
8. Main Dining
9. VIP Dining
10. Performance Stage
11. Waterfall
12. Lake
13. Bridge
14. Rabbit Farm
15. Kid's Playground
16. Toilet & Musholla
17. Parking (Guest)
18. Waiting Area
19. BOH
20. Loading Dock
21. Management Office
22. Pura
23. Ramp
24. Parking (Staff)

SITE PLAN

0   5   12,5   25M

所有的設施、服務與體驗皆延著這條宛如 M
字型的河流展開，自河流沿岸又再延伸出獨
立小屋，藉由不同的形式讓享受道地美食時
又能與在地自然鄉村氛圍相結合。

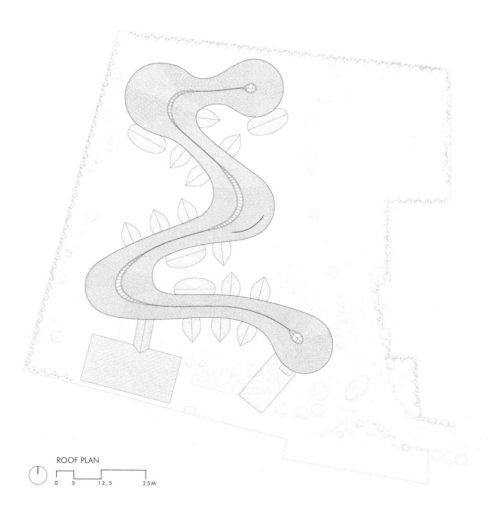

ROOF PLAN

0   5   12,5   25M

Designer Data

設計師：Kelvin Thengono

設計公司：K-Thengono Design Studio

網站：k-thengono.com

SITE SECTION - A

SITE SECTION - B

LEGEND

1. Garden
2. Lake
3. VIP Dining
4. Corridor
5. Saung Single
6. Toilet Wall
7. Saung Double
8. Parking area (Guest)
9. Main Dining Hall
10. Lobby
11. Parking area (Staff Only)
12. Management Office

Project Data

店名：Talaga Sampireun Bali	平均客單價：不提供
地點：印尼・峇里島	座位數：多最可容納 412 人
坪數：9,455 ㎡（約 2,860 坪）	建材：柚木、黃銅、紅磚

11.12. **大人小孩皆能近距離玩水嬉戲** 有別於其他分店主餐廳，該店在小屋用餐區中藉由枱階的
延伸，讓人邊用餐的同時也能玩水嬉戲。

| 11 | 12 |

桐鄉濮院紅旗漾杉林部落共享餐廳
來場遠離塵囂的山林饗宴

「桐鄉濮院紅旗漾杉林部落共享餐廳」座落於浙江省桐鄉市紅旗漾村，是一處遠離都會塵囂的寧靜村落。餐廳建築體北側坐擁一整片稻田，南側則依靠池塘與隨之共生的水杉森林，透過建築與山水林意共榮之意象，用餐的同時，享受自然的寧靜之美。

1 2 3

文化性場景 設計心法

1. 創造建築與生態環境的融合。
2. 考量當地建築元素及氣候。
3. 引入中國園林曲折廊道、塑造儀式感。

文｜林琬真　圖片暨資料提供｜y.ad studio／上海嚴暘建築設計工作室　攝影｜Shengliang Su

1. **自然生態包圍的寂靜之地** 餐廳座落於遠離都會、隱密的村落，北部為一大片農田，南邊則銜接池塘、水杉森林。2. **鄰近自然山林之露台區** 除了室內的餐廳空間，還規劃一處戶外露台區，當天氣好的時候，用餐場域可向外延展。3. **透過深色及弱化建築形式** 建築體以內斂低調的黑色作為延伸，弱化建築形式、符號化的語言，串接戶外生態環境，達到情景相融。

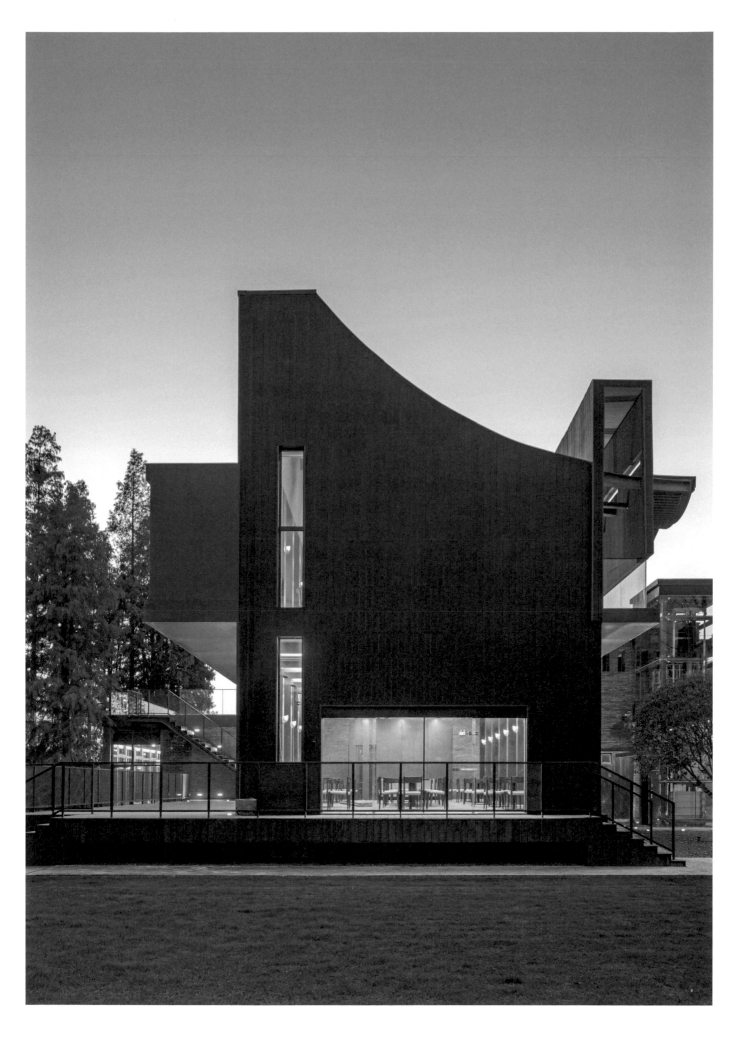

將建築與生態環境形成美好的共融，提昇人與自然、空間與自然間互動關係，是構築「桐鄉濮院紅旗漾杉林部落共享餐廳」的設計靈感來源。

建築與自然共生設計語彙

整體建築設計上，考量需適應潮濕多雨的氣候環境，採用斜屋頂設計形式，且選用當地建築元素的青瓦磚提煉，透過弧形線條串接造型屋簷，與後方景觀台的壯闊曲度，形成相互對應的設計語彙。餐廳建築體選用竹鋼木材質作為立面造型，其內斂沉穩的深色調與周圍自然生態相融、和諧，毫無違和感，且形成一股極致的寧靜氛圍。除了室內餐廳規劃，特別於餐廳的上方打造一座景觀塔，藉由黑色的立面展現，與餐廳建築、自然環境相互映襯。享用完美食的客人，可沿著旋轉階梯步入頂樓，沿途透過弧形鐵件交織的窗景，打破單一常規的立面規劃，還可以逐步欣賞戶外絕美景色。來到頂樓，塔身向外延展出弧型景觀平台，將戶外的稻田景致一覽無遺，俯瞰山水樹林之間。此外，還規劃一處戶外露台區，鄰近池塘與水杉森林，達到與大自然零距離，領受無限自然生命力。

融入中國園林傳統文化

除了營造建築體與環境共融的意象，還將中國傳統園林的概念引入空間細節設計裡，特別是入口廊道到接待區之間，延展出一條曲折廊道，走廊上鋪設歲月歷史痕跡的老石板台階，牆面安排中國江南地帶常見的古樸青磚，局部開窗景觀透入竹林秘境，行走之間領受風景變化，掀起內心的澎湃與驚奇感。此外，建築體之外還有門廊、曲幽小徑、棧道，或是景館塔的空間規劃，藉由平行與垂直移動之間，隨之切換豐富多元的視覺景緻，體驗自然的變化與豐盛，創造一幕幕動人的美學儀式感。

兼具獨立與互動的有機空間

整體空間規劃四個獨立區，分別是接待、餐廳、廚房與廁所，中央環繞出一塊庭院區，而四個場域機能透過延廊、廊道空間予以串接，形成流動的場域概念。後勤空間位於靠近北方的路面，方便餐廳的工作人員能夠自在進出；用餐空間則是面向池塘與水杉的區域，局部利用架高地坪的抬升方式，創造出置身山林、水池的詩意氛圍。在光線氛圍布局上，除了透過玻璃帷幕引光入室，沙發座位區天花板透過弧形交界的屋脊處，形成開口來導引自然光步入空間，唯美光意沿著自然弧面傾瀉而下，營造用餐場域的絕美氛，且伴隨四季遞嬗、時光流轉，隨之醞釀色澤、濃淡光感，篩撒出豐盛的場域風貌。為了達到與自然融為一體的秘境之美，材質選用上特別以自然質感為主，除了鄰近水池景觀區特別裝置起霧功能，藉此營造迷霧森林般夢幻仙境氛圍。

4 4.5. **將山水意象融入佳餚饗宴** 一樓餐廳區透過大面玻璃窗延攬戶外山林水景，同時保有室內充沛
5 光線。

6.7. **結合中國園林曲折廊道**　以延廊銜接室內場域及戶外景致,創造行走過程的美好體驗及儀式感。8.9. **天窗設計引光自然透入**　戶外自然光通過弧形交界的屋脊處,沿著縫透入室內,沿著縫透入室內。

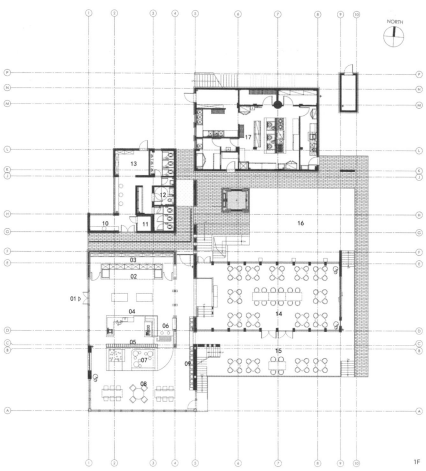

01. 入口
02. 水產展示／菜品展示區
03. 儲物室
04. 收銀接待／咖啡吧
05. 展示酒架
06. 農產品展示＋茶水等候區
07. 兒童遊戲區
08. 餐飲區
09. 文創展示區
10. 驛站休息區
11. 配電室
12. 殘障廁所
13. 售賣區
14. 餐飲區
15. 戶外就餐區
16. 內庭院
17. 廚房

NORTH

1F

01. 廊道
02. 餐飲包間
03. 活動露台
04. 配電間
05. 衛生間
06. 備餐間
07. 娛樂棋牌室
08. 包間衛生間
09. 檢修屋面

NORTH

2F

規劃四個獨立機能區塊，中間圍繞庭院區；每個場域間利用廊道、樓梯串聯、整合，且透過與外在景色的延伸與互動，創造出視覺上的驚喜與豐盛感。「桐鄉濮院紅旗漾杉林部落共享餐廳」北側坐擁一整片稻田，南側則依靠池塘與隨之共生的水杉森林。

Designer Data

設計師：嚴暘

設計公司：y.ad studio / 上海嚴暘建築設計工作室

網站：www.sh-yad.com

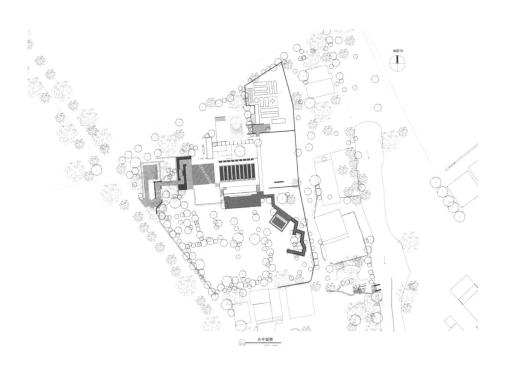

Project Data

店名：桐鄉濮院紅旗漾杉林部落共用餐廳

地點：大陸·浙江桐鄉濮院

坪數：1,318.38 ㎡（約 392.73 坪）

平均客單價：人民幣 300 ～ 600

座位數：28 席

建材：竹鋼木、木飾面板、藝術肌理漆、錳鎂鋁金屬瓦、鋁板、青磚、中國黑大理石

10.11.12. **聳立而上景觀塔** 景觀台延伸出半圓弧平台，與弧形屋簷相互呼應；沿著旋轉台

10 11 12 階，交錯立面構築的窗戶，可延攬戶外山林田園景色。

和木私廚 The Home · 神玉店茶空間
之字動線創造空間豐富層次

「和木私廚」是北京獲米其林餐盤推薦的知名餐廳，此次設計是對餐廳原有一部分空間進行改造，業主希望能將餐廳入口處改裝出一處半開放式的喝茶空間，滿座時亦能增加餐廳客座數量。北京棟三尺設計公司（以下簡稱棟三尺設計）以製造景觀手法，創造出具有吸睛意象與折疊動線的多重使用空間。

| 1 | 2 | 3 |

文化性場景 **設計心法**

1. 以文化底蘊創造古雅空間。
2. 透過設計烘托與強化院落感氣氛。
3. 在有限空間創造光影、空間與視覺層次。

文｜Joyce　圖片暨資料提供｜北京棟三尺設計有限公司　攝影｜維谷視覺藝術鐘子鳴

1. 折疊動線放大空間豐富視覺感受
茶空間以冬瓜梁為視覺中心，以燈光烘托出舞臺效果，並以之字型動線放大空間整體感，也豐富了視覺感受。**2. 燈光明暗創造空間豐富層次感**　從冬瓜梁的台榭、到廊道、茶室，燈光有目的的循序漸暗，透過這種潛在心理指引，讓顧客能達到沉澱放鬆的效果。**3. 空間進行改造創造喫茶場域**　原空間局部做改造，以製造景觀手法，創造出具有情境意象與折疊動線的喝茶空間。

「和木私廚神玉店」是北京一間以包廂式設計，強調顧客用餐隱私的米其林推薦餐廳。因店址位於大樓內，樓高相對較低，棟三尺設計以和木私廚第一間位於北京四合院的店鋪型態發想，希望創造出一個具有庭院感的空間，且每區茶座雖然獨立存在，但仍能與周圍環境形成互動，營造出一處雖在大樓內，卻仍有院落感的環境。

棟三尺設計以明文震亨《長物志》裡描述「居山水間者為上，須門庭雅潔，室廬清靚，亭台具曠士之懷，齋閣有幽人之致」為文本，在整個扁長的基地空間裡，先於入口處設計出一個視覺中心，利用原有的水池，將清代傳統建築中的冬瓜梁（外型如冬瓜）懸掛於水面之上，形成江南亭台樓榭效果。此處燈光特別設計出舞臺劇效果，讓冬瓜梁成為視覺中心，也成為一種建築符號，塑造出中國傳統文人雅致生活之意象。

客人進入茶空間，需經過鋪設於水面上的石板，再經過走道進入各茶室空間，既保有每間茶室私密性，又維持了視覺上的連續性。茶室間透過柱子與植栽形成自然的轉換區域，既化解原有樑柱位置的尷尬，又可保持隱透感。客人在此能感受到鄰間有人，卻又無法真正看清，有種大隱隱於市的寧靜感。

之字型動線搭配視覺虛實創造豐富層次

茶空間的主要動線繞著冬瓜梁展開，以之字形的轉折動線，仿效中式庭園的曲折小徑，除達到放大區域感效果，也在有限空間內強調出視覺的豐富層次與轉折，客人在其中感受到百轉千回的行進路線，搭配穿透孔洞牆體，整個空間布局不讓人一眼看穿，在行經路徑上製造不斷發現新視覺亮點的驚喜感。

材質上注重古雅與自然結合，除了到江西景德鎮尋找老家具物件與木製雕塑等軟裝擺件，就連擺設的石頭也特意尋找經湖水沖刷的鵝卵石，這些天然材質不僅增強了視覺上的豐富性，還增加了空間的歷史感和文化底蘊。新造物件則通過特意做舊的手法，讓木材表達出時間的痕跡，例如使用老船木和生鐵鐵釘來增添粗獷感，營造出古樸的氛圍。

燈光設計以明暗對比製造戲劇效果與儀式感

燈光設計上，透過打亮冬瓜樑的燈光效果，搭配後方廊道刻意調暗的對比，突顯出冬瓜樑的舞臺主體感之外，後方廊道與牆面之間則是脫開 7 公釐的縫隙，在內裝設燈光，顧客走在廊道時有種儀式感，也兼具行走照明安全之用，這種以特定物件亮度和空間陰影的對比手法，可讓整體形成戲劇性效果。茶室區域的燈光則刻意調暗，讓客人在進入茶室後因光線的轉換可慢慢沉澱下來，以營造出安靜寧謐的喝茶環境，達到放鬆的效果。

和木私廚 The Home．神玉店茶空間希望客人能在此享受一個沉靜的空間，有如在園林中漫步的舒適和愉悅，服務人員也都穿著長掛中式服裝，保持與空間風格一致，讓顧客整體體驗更加連貫完整。

4
5 　4.5. **冬瓜梁建築語彙打造院落感** 　在原有的空間設計基礎下，以吊掛於水池之上的冬瓜梁的建築語彙，打造出有庭院感的喝茶空間。

6.7.8. 營造茶空間的古雅氛圍　至江西景德鎮找尋老家具物件,陳設於茶室空間內,製造古雅氛圍,體現喝茶歷史的文化底蘊。

客席利用原有梁柱搭配植栽作為茶間區隔，製造視線的
半隱感，有如大隱隱於市，也如同此空間隱身於大樓空
間內的意外驚喜。

Designer Data

設計師：李子兆

設計公司：北京棟三尺設計有限公司

微信公眾號：gh_9c4c074cec1c

Project Data

店名：和木私廚 The Home・神玉店茶空間

地點：大陸・北京

坪數：94 ㎡（約 28.43 坪）

平均客單價：新台幣 1,000 ～ 1,500 元

座位數：20 席

建材：木作、木地板、塗料

| 9 | 10 |

9.10. 職人手沖出一杯杯的好茶　現場提供服人員親手沏茶的服務，增添品茗的儀式感，也加深飲茶的深刻體驗。

WA-RA
融合傳統與現代，勾起探索慾望

高雄洲際酒店旗下的日式餐廳「WA-RA」，融合了日本江戶時期的「warayaki」烹飪技法與現代設計，空間中結合稻禾的元素與浪花氣泡的意境，利用基地優勢以星空為題與光雕藝術結合。讓餐廳成為一個集現代設計、傳統文化與國際服務水準為一體的環境。

	3	
1	2	4

文化性場景 | 設計心法

1. 以當代設計整合傳統文化與現代餐飲空間。
2. 利用基地優勢打造獨具特色的用餐空間。
3. 翻玩材質開啟人探索空間的好奇心。

文│April　圖片、資料提供暨攝影│高雄洲際酒店

1.2. **竹編裝置化為客席與燈具** 客席設計與竹編藝術家合作，以竹編圓頂點綴空間，讓視覺層次更加豐富。同時也運用竹編設計獨特燈具，使空間更添細節。3. **沉浸式光雕投影提供極致感官體驗** 品牌與設計團隊攜手光雕藝術家，將縱深約 30 米深的天井當成畫布，打造出專屬的光雕秀。4. **利用場域烘托視覺焦點** 位於場域中心的多功能酒吧於天井的正下方，為餐廳的視覺中心，港都夜晚觥籌交錯的迷人氛圍，驚艷到訪的旅客。

高雄洲際酒店以奢華酒店定位，為國內外的旅客提供世界級的餐旅體驗，其中位於 5 樓的 WA-RA 日式餐廳，聘請日籍料理長工藤將和坐鎮，以日本江戶時代的烹飪藝術「藁燒」為特點，結合現代的設計，為食客提供獨特的用餐體驗，除了美食佳釀，迷人的酒吧場景，搭配燈光秀與現場 DJ 表演，為高雄頂級餐飲市場再造國際級的亮點。

餐廳名 WA-RA 源於日本江戶時代的「藁燒」（warayaki），這是一種用乾草燒烤的傳統烹飪方式，透過燒至攝氏 900 度的溫度料理食材，最初用於烤鰹魚，而後也用於烹調肉類和其他海鮮類。IHG 洲際酒店集團台灣區域總經理羅嘉麒（Robbert Manussen）指出，將 WA-RA 定位在頂級的融合餐飲和酒吧，希望將餐廳打造成高雄高級餐廳熱點，以傳統料理手法，提供融合現代風格的料理，同時透過當代設計語彙，創造一個引人入勝的用餐環境，藉由視覺、味覺、嗅覺等不同的感官，為到訪的賓客帶來多重且豐富的用餐體驗。

善用基地優勢，與創作發想連結

餐廳規劃邀請 HOWARD LIAO DESIGN 廖子豪設計操刀，設計師廖子豪指出，「與品牌方來回溝通確認後，希望可以塑造一個現代與充滿活力的空間，呈現傳統的烹飪方式，開啟到訪者探索的慾望，並在用餐過程中留下美好且獨特的回憶。」WA-RA 位於酒店的 5 樓中央，基地上方有一口高近 30 米的天井，獨特的建築空間，賦予人無限延伸的感受，設計團隊便以「仰望星空」的意象為起始點，展開設計。「藁燒」是江戶時代的料理技法，而江戶時代另一個馳名國際的特色即為浮世繪，日本浮世繪畫家葛飾北齋創作的《神奈川沖浪裏》更是讓浮世繪的印象深植人心，因此設計團隊援引浪花的元素與 WA-RA 的空間結合，嘗試以不同的材質，表達出包覆於浪花裡的無數氣泡。

WA-RA 的布局大致可分為中央酒吧、Kappo（割烹）區域、座位區、接待區等，餐廳 70％ 的空間位於挑空區域下方，中央酒吧設於基地中心，同時也是整個空間的視覺焦點，賦予夜間的場景更鮮明的存在感；中央酒吧周遭以貼覆著反光鏡面材質的拱門，圍塑出餐廳的主要區域，閃爍的光纖有層次地排列在拱門後面，藉由其閃爍的燈光與靈動的姿態，營造出水中充滿小氣泡的喜悅感。周遭的橘色座椅，如同海底的岩漿，為場域創造多重且豐富的層次感。

以設計串聯文化深度創造獨特的用餐空間

傳統文化與當代設計的結合亦反映在空間設計中，在 WA-RA 可從材質運用窺見設計巧思。中央吧檯與四周拱門以有反射特性材質為主，經燈光作用開啟到訪者的視線，引發讓人不斷探索的慾望；吧檯上方結合大型的稻花裝置藝術，與品牌本身「藁燒」料理方式相互呼應；接待區左右兩邊竹編圓頂裝置，則是與花蓮藝術家合作所激盪出的火花，透過不同的創作方式，讓傳統與當代能以迥異形式呈現於空間。

此外，設計團隊也在其中進行了藝術性的跨界突破。廖子豪分享，廣袤的天井對於設計師來說，猶如一塊空白的畫布，因此興起了結合光雕藝術的想法，在品牌方的支持下，邀請設計團隊 DKBK 將以往多應用於室外的光雕投影藝術，應用於室內空間，將縱深約 30 米深的天井當成畫布，為餐廳打造專屬的光雕秀，替消費者提供別開生面的用餐體驗。

Designer Data

設計師：廖子豪

設計公司：HOWARD LIAO DESIGN 廖子豪設計

網站：www.howardliaodesign.com

Brand Data

品牌：WA-RA

代表人：IHG 洲際酒店集團台灣區域總經理羅嘉麒（Robbert Manussen）

網站：ickaohsiung.com

Project Data

店名：WA-RA

地點：台灣・高雄市

坪數：320 ㎡（約 97 坪）

平均客單價：晚餐時段：新台幣 1,550 元、

酒吧時段：新台幣 500 元

座位數：50 席

建材：不提供

圖片攝影｜陳耀恩

Ean Chen

5. **以材質刻劃空間細節** 「WA-RA」希望提供具有當代氛圍的用餐體驗空間，設計團隊以拱型線條圍繞著中央酒吧，立面則以具紋理觸感的鏡面呈現海洋波光粼粼意象。6. **以現代之姿呈現傳統底蘊的料理** 「菲力牛佐木之芽味噌醬」以招牌的藻燒手法燻製菲力牛，使肉塊外層包裹迷人的香氣；木之芽為山椒的嫩葉，製成味噌醬搭配使用，能帶出食材本身的甜味。7. **以國際級五感體驗驚艷食客** 「藻燒鰹魚半敲燒」從視覺、嗅覺到味覺，層層堆疊食客對於佳餚的期待，主廚選用台灣油脂較豐富的鰹魚，以日本正統稻草燒手法大火炙燒魚體表面，具有去腥與鎖鮮的效果。

5 6 7

永心浮島 YONSHIN FUDOPIA
港都風景結合藝術裝置

位於高雄鼓山大港倉的「永心浮島 YONSHIN FUDOPIA」海鮮餐酒餐廳，以高雄悠閒
都市港景為基調，將原本的倉庫空間打造成船屋甲板用餐場景，並邀請金馬視覺統籌團隊
Bito 為酒櫃設計即時互動的科技藝術創作，讓空間氛圍保持著變幻流動的新鮮感。

科技性場景　設計心法

1. 改變傳統台菜料理與餐廳風格。
2. 結合地利融入高雄港都特色。
3. 利用科技藝術裝置增加獨特感。

文、整理｜Joyce　建築設計、資料暨圖片提供｜永心浮島 YONSHIN FUDOPIA

1　2　3

1.2. **現代台菜翻轉高雄印象**　以當代
台菜搭配葡萄酒與無敵海景為特色，
將原本港口倉庫的空間改建成具年輕
時髦感的海鮮餐廳。3. **對比色調呈現
餐廳特色**　餐廳色調上以橘紅搭配豔
藍，呈現出餐廳葡萄酒與港都城市的
特色，也表達出高雄人熱情的特色。

永心浮島 YONSHINO FUDOPIA 設計靈感來自於海洋都市的地利之便與豪華郵輪的概念，旨在讓顧客感受彷彿置身海上郵輪或船屋甲板悠閒用餐的氛圍。概念上融合了高雄的海洋美景，與現代台式海鮮料理結合葡萄酒等兩大特色，並以三種顏色為基調：藍色、橘紅色和銀色。藍色代表所在地海洋港都高雄與海鮮料理；橘紅色象徵葡萄酒的熱情與活力，而銀色則反映出高雄這個港口城市的工業特質。

餐廳使用了木材、瓷磚、大理石和不鏽鋼等材質，木材能賦予空間溫暖而自然的調性，搭配藍色與橘紅的對比配色，包括檯面的大理石紋路、與設計家具如丹麥&Tradition Flowerpot VP9 無線桌燈等元素，營造出如 Club 般復古時髦的空間氛圍。不鏽鋼小面積使用在裝飾細節如吧檯、門框和踢腳板等處，以強調現代感，塑造出年輕質感風格。店內燈具材質以不鏽鋼為主，形狀上融合海浪意象，選擇具有圓弧和波浪形狀的燈具，讓空間充滿如海浪般的流動感，也符合了浮島意象。天花板亦打破由倉庫改造餐廳，多數以開放式不做天花的設計式，全部以木材封頂，與牆側接縫處亦使用圓弧造型，營造出紐約上城俱樂部的沉穩風格。

酒櫃搭配互動藝術裝置創造獨特語彙

動線設計上，打破餐廳吧檯慣用設置於牆側的格局，將吧檯位置放在餐廳的中間偏側，再於後方設置葡萄酒櫃，顧客可環繞吧檯到酒櫃前主動探詢葡萄酒種類，讓顧客能夠更直觀地參與到選酒過程中，不只是刻板地從酒單上選酒，增強顧客與葡萄酒的互動性。

酒櫃上方更設置了大型互動藝術裝置，邀請到金馬視覺統籌團隊 Bito 操刀，此裝置藝術可以跟顧客進行即時互動，當客人開啟酒櫃選酒之際，畫面便會呈現從黑色海底出現夢幻氣泡與迴游魚群，增加了選酒的獨特感、也讓空間充滿變化性，更加深了「浮島」與「海洋」的意象。

空間布局上，玄關入口右側為獨立包廂「光島室」，左手邊則為店內專屬藏酒「島藏區」。餐廳燈光以 2500 ～ 2700K 的暖色為主，搭配專業級音響設備，週末可邀請 DJ 進行演出活動，營造出如同紐約夜店般的時尚氛圍。

餐點設計翻轉熱炒印象 結合制服呈現年輕氛圍

穿越長廊後進入戶外區，座位區伴隨淺淺海風吹彿，可一睹全台首座水平旋轉景觀橋樑的運轉風景，以及遠方高流的獨特建築語彙，是店內最無價的自然景觀。餐點設計以高雄原有的熱炒文化為基底，結合西式擺盤手法，呈現出重視視覺與精緻度的當代台式料理新風貌。例如「黑！酥炸銀魚」使用黑色粉漿做為銀魚外衣，將傳統台菜的炸銀魚呈現出獨特視覺效果。

服務人員制服也配合場景設計，穿著藍色古巴襯衫搭配品牌定製領巾，主管則以橘色調的西裝，看來年輕具有潮流感，加強餐廳整體形象，亦充分體現高雄人熱情與海派風格，體驗到只有在高雄才能享受到的獨特氛圍。

6.7. **大型互動藝術裝置增加選酒趣味**　酒櫃上方設置大型互動藝術裝置，邀請到金馬視覺統籌團隊 Bito 操刀，與顧客進行即時互動，也能增加選酒獨特性。

8.9. **木作、絨布質地營造紐約餐廳質感**　以木材質地構築空間溫暖氛圍，搭配強烈對比色調，與木作天花線條，呈現出紐約俱樂部的沉穩風格。

SEAFOOD & WINE BAR

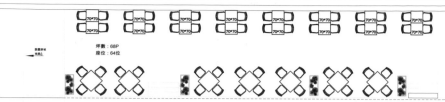

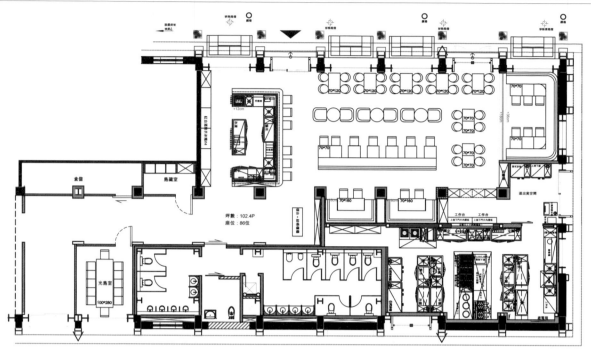

餐廳優先將無敵港都城市的海景留給顧客，打造出兩種
用餐情境，室內的紐約俱樂部風格，以及室外的甲板用
餐區。吧檯離牆設置留出動線，客人可以直接參與選酒
過程。

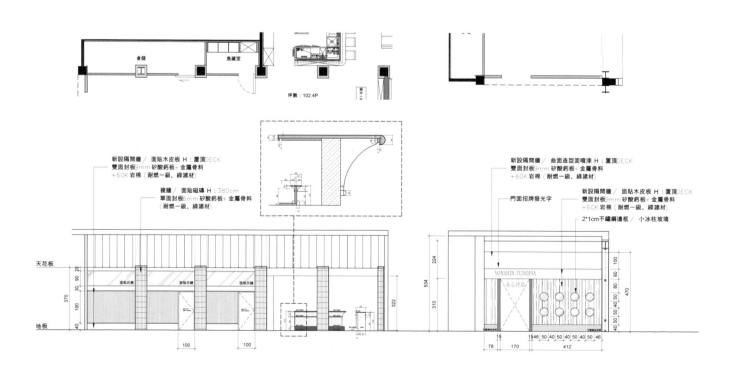

Designer Data

設計師：呂宗益

設計公司：雷孟設計有限公司 Le Monde Workshop

網站：www.facebook.com/lemondeshop

Project Data

店名：永心浮島 YONSHIN FUDOPIA

地點：台灣・高雄市

坪數：563.3 ㎡（約 170.4 坪）

平均客單價：新台幣 700 ～ 750 元

座位數：170 席

建材：科定木皮板、科彰 PP 板、櫻桃紅大理石、Mosa 磁磚（藍橘柱子）、CHIVASSO 織品、CARLUCCI 織品、JAB 織品、304 不鏽鋼、TON chair（包廂）、Tom Dixon 吊燈（包廂）

10.11. **家具選擇呼應復古時髦的設計氛圍** 為了讓空間氛圍更貼近 Club 般復古時髦的空間氛圍，家具選擇上皆帶有絨布質地。12. **以熱炒菜色為基底的當代台菜** 永心浮島以高雄的熱炒文化為基底，改良傳統菜色加強視覺效果，這道酥炸銀魚就是改變傳統炸銀魚的顏色，搭配擺盤搖身成當代台菜新風貌。

10 11 12

覓到酒吧 MEET
密道洞穴與現代詩意的交錯魅力

圓山飯店，不僅是國際外交的舞臺，更是台灣文化的重要承載體。隨著時代的變遷，圓山飯店不斷創新與傳承，開放東西密道、整修秘境花園與孔二故居、推出國宴文化餐，將歷史與現代完美融合。而這家別具特色的酒吧空間將這座經典飯店的文化魅力延伸至一個全新的高度。不僅體現了圓山飯店的歷史底蘊，還巧妙地融合了現代設計理念，為每一位訪客提供一個沉浸於歷史與現代交錯的獨特體驗。

儀式感場景 設計心法

[1] [2] [3]

1. 密道洞穴為概念，打造現代禪意酒吧秘境。

2. 天花板與牆體相融合，搭配別緻燈光設計。

3. 統一性的材質與兼顧機能需求的細節巧思。

1.2. 線條與弧面語彙象徵新舊交織 以獨特的線條分割與弧面呈現歷史的厚重感與現代的精緻感的交融，讓來訪者都能在微醺中，感受時空交錯的奇妙旅程。**3. 材質與光影的完美應用與氛圍營造** 在有限的空間內，將洞穴與現代極簡風巧妙結合，通過材質與光影的運用，創造出一個充滿故事與魅力的場所。

文｜田可亮　圖片暨資料提供｜隱室設計工程有限公司

圓山飯店作為見證國際外交政治歷史的地標，無疑是台灣重要的文化場域。自 2019 年起，飯店開放東西密道、整修秘境花園與孔二故居，並復刻國宴料理、推出國宴文化餐，將珍貴的文化資產與訪客共享。此設計作品即是為飯店旁的密道創建一個獨特的酒吧空間。西密道開放後的成功吸引了大量遊客，促使飯店管理層考慮開放第二條密道——東密道。這條新密道位於飯店辦公區旁，成為新酒吧的理想位置。圓山飯店希望藉此機會吸引更多遊客，並建立一個獨特而完整的酒吧空間。設計團隊與飯店的國宴主廚群攜手合作，打造出隱含圓山故事的文化酒吧。

從靈感與命名到設計理念的實踐與材質選擇

「覓到酒吧 MEET」的名字源自「密道」的諧音，象徵著新舊相鄰的兩個空間，將圓山的過去與現在緊密連結。酒吧與首次在夜間開放的東密道相依，讓訪客在微醺中展開一場跨越時空的旅程。

設計師的靈感來自洞穴和現代中國風的極簡設計理念。他在這個空間中，力求融合現代感與歷史特色。為了控制裝修預算，設計師選擇在材質和設計元素上進行調整，例如將原計畫使用的礦物塗料替換為經濟實惠的樂土材料，巧妙地延續了密道的氛圍。入口處，天花板上的發光圓形洞口猶如密道盡頭的天光，成為灰色調弧面空間的視覺亮點。從天花板到壁面，使用樂土灰泥一體成型的弧面設計，地板也選用了相近色調，與深色木作的牆面、層架及椅子相互輝映，在線性嵌燈的調和下，呈現出宛如東方水墨畫一般的質感氛圍。

文化元素與多功能設計 VS. 美學與實用性的平衡

此酒吧空間被設計成類似於「speak easy」的概念（「秘密酒吧」或「地下酒吧」，源於美國禁酒令時期，即 1920 ～ 1933 年），融合了圓山飯店的標誌和歷史元素，如飯店的 LOGO 和帶有中國風元素的古代貨幣。設計師考慮到各種客戶需求，配置了私人包廂和多功能使用方式。一個優秀的設計必須兼顧美學與實際需求，而這個案例正展示了設計師在這方面的全面實踐，特別是在保留設計理念的同時，滿足業主對娛樂元素（如電視）的需求。他巧妙地將電視螢幕隱藏在吧檯懸浮櫃體內，需要使用時才將櫃體門扇打開，既保持了空間的流暢氛圍，又維持了整體的獨特性。

總括而言，這個設計案例展示了設計師如何在有限的空間內，透過合理運用歷史背景和現代設計理念，打造出一個吸引人且功能完善的酒吧空間，從而提升圓山飯店的整體魅力和顧客體驗。

4. **洞穴之意象徵圓融**　公共卡座區以洞穴之圓為核心的設計，空間寬敞且氛圍安定，不僅是一個創意的展現，更是一種東方圓融之意。5.6. **線性分割利落典雅包廂區**　有別於公共區的格調，私密包廂區以幾何分割為特色，配有水波紋玻璃旋轉門扇作為彈性隔間，襯托線性嵌燈沙發背牆及家具。

4

5　6

7.8. **家具與燈光設計散發樸實的詩意** 以圓弧修飾牆面、木作展示層架及長型壁掛沙發座位區，搭配線性光源，與軟裝相輔相成，極富詩意。9. **圓形凹槽頂光象徵「洞外」的天光** 天花板設計為此案的設計主軸之一，展現文化地標的無窮魅力，繼續在創新與傳承中，書寫出令人驚艷的篇章。10.11. **符合實用美學的工作區及吧檯設計** 吧檯區配有五張舒適單人椅，電視機隱身於工作區木作櫃體，整體與石砌牆面巧妙搭配，體現材質之美與實用性。

7	
8	10
9	11

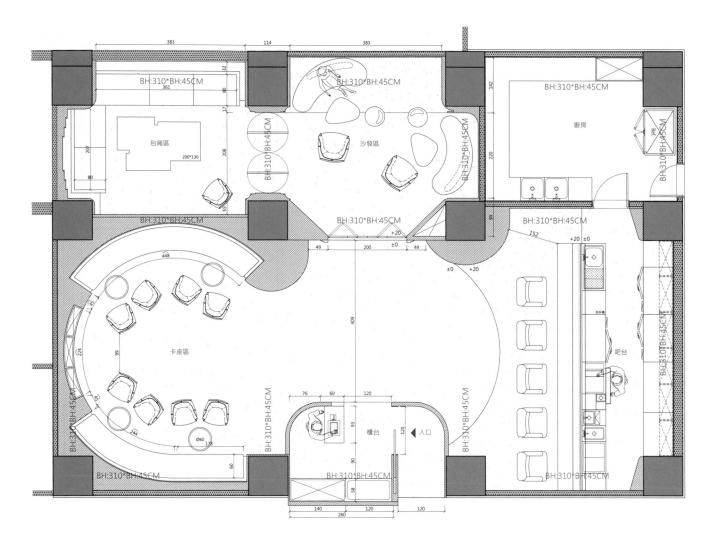

從入口進來，經材質搭配象徵太極陰陽的候位櫃檯，進入到寬敞的公共區。工作吧檯區面對著圓形的卡座位區，再過渡到沙發區及最私密的包廂區。牆體皆以圓角及弧面修飾，實踐流暢的動線安排。

Designer Data

設計師：白培鴻

設計公司：隱室設計工程有限公司

網站：insitu.com.tw

Project Data

店名：覓到酒吧 MEET

地點：台灣・台北市

坪數：165.29 ㎡（約 50 坪）

平均客單價：每位低消約新台幣 500 元 ＋ 10%服務費

座位數：約可容納 40 人左右

建材：樂土

12.13. **精心設計入口處的視覺亮點與趣味** 入口處除了極具藝術性的書寫牌子，還特別打造古代貨幣掛牌作為開門法寶，展現人文內涵同時增添趣味。

| 12 | 13 |

拾柴手作蘇州觀前街店
構築質樸工坊，回味圍爐品茶共享時光

「拾柴手作」品牌核心在於強調手工製作的精緻過程，專心為顧客呈現一杯完美的茶飲。設計初衷從空間布局入手，將原本隱藏在後廚的蒸煮環節搬到空間的中心位置，營造出了一個鮮明的「制茶手藝人的舞臺」，讓人們在品茶的同時，欣賞到製茶的藝術過程。

儀式感場景 | 設計心法

1. 以手工製作工坊為主題，模擬大型工作室氛圍。
2. 簡潔木材構造，讓結構體系貫穿整個空間。
3. 融合質樸感與品牌概念，制定形象手冊。

文｜李與真　圖片暨資料提供｜空間站建築師事務所

		3
1	2	4

1.2. 品牌心意喚起溫暖凝聚　以火爐的造型呈現「舞臺」，既與拾柴品牌名稱產生聯繫，也重現傳統家庭中親朋好友圍爐品茶、暢談聊天的情景。
3.4. 深化顧客和員工的互動來往　一些座位與點餐檯相連，促進顧客與員工之間的緊密聯繫，並與餐廚區連接，建構場域一致性和流暢感。

隨著奶茶在大陸的流行，特別是年輕族群的熱愛，奶茶已不再僅僅是奶和茶的混合，而是融合了水果、蔬菜，甚至咖啡等多種元素，成為不含酒精的混合飲料，代表著放鬆與幸福的感受，也是一種社交活動。在充滿活力的市場中，手工製作的奶茶正成為一個日益細分的品項。這家店的背景來自於一個已經成功的傳統奶茶品牌，已擁有廣泛的連鎖店鋪。他們創立了「拾柴手作」這個全新的品牌，旨在打造一個專注於手工奶茶的高品質體驗。

新品牌相較於過去的連鎖店，有著顯著的區別，尤其是在「目標客群的變化」上。過去的品牌定位是面向廣泛的年輕人市場，而新品牌則專注於那些對品質和手工藝有著高度追求的顧客。這一轉變成為設計概念的核心，將「手工製作的作坊」作為設計主軸，彷彿是一個大型工作室，內部自行製作模型，並規劃一比一的材料節點。例如，火爐的支撐結構設計靈感來自於中式梁柱體系，由簡單的木板材料相互穿插而成，所有的連接點都採用了最簡潔直接的構造方式。這種結構體系延伸到整個空間的其他部分，打造出一種製茶工坊的整體氛圍。

動線、燈光巧妙配合，促進互動和操作觀察

空間布局則採用了沉浸式設計，客座區的安排上，特別注重與點餐區的無縫連接，部分座位與點餐檯相連，此動線流程不僅改變服務人員的工作模式，讓顧客和工作團隊能肩並肩地互動交流；也使得餐廚區的操作更加透明和直觀，能近距離觀察製茶師傅每一個操作細節、原材料的加工過程，進而了解品牌方對手工和原創的堅持，給顧客帶來一種在製茶工坊裡「喝一杯新鮮出爐的奶茶」的幸福感。

燈光設計也搭配場地動線，餐廚區的燈光最為明亮，象徵著工作的核心舞臺；而客座區則以柔和的照明營造觀眾席的氛圍，選用 4000K 的中性光，既不過於溫暖也不過於冷白，讓整體空間看起來更為自然舒適。家具的設計延續了空間中的木構架系統，使用略大於一般桌椅的板材，另外桌上的餐牌和吸管容器等，呈現出一種踏實、可靠的工坊風格，與拾柴品牌強調的「認真做一杯好茶」的核心價值一脈相承。

避免傳統模組化設計，保持品牌一致性

除此之外，這家店不僅是拾柴手作品牌的首店，未來也將成為品牌系列店的設計標竿。要如何在保持品牌形象一致性的同時，又能突顯「手作工坊」的質樸感？設計團隊在這家原型店的設計中進行了深入探索，制定了統一形象（SI）手冊。

首先，他們放棄了傳統連鎖店的模組化空間設計方式，轉而採用「方法與體系」的設計理念。這意味著不再是單純地將預製的模組放入不同的場地，而是根據每個場地特點，規劃獨一無二的工坊空間，這種方式類似於區分預製食品與具有獨特風味的手工食物的差異。手冊不僅是一套設計規範，更像是一個遊戲規則，給予設計師更大的自由度。這樣的方式不僅能夠擴展到更多品牌店，同時也讓顧客在用餐過程中更能體會到品牌的獨特魅力和工坊的溫暖氛圍。

5.6. **座椅配彈性長凳，木板家具展現風格**　設有約 20 個固定座椅，再加上可自由配置的長凳，讓空間可容納 30 多人。所有家具均採用質樸木板，保持統一調性，也突顯手工製作的理念。7. **傳遞職人精神的簡約樸實美學**　店鋪堅持純樸手工製作感，避免使用智能產品，唯一顯示屏用於取餐叫號，其餘資訊則以印刷海報簡單展示在牆上或木板上。

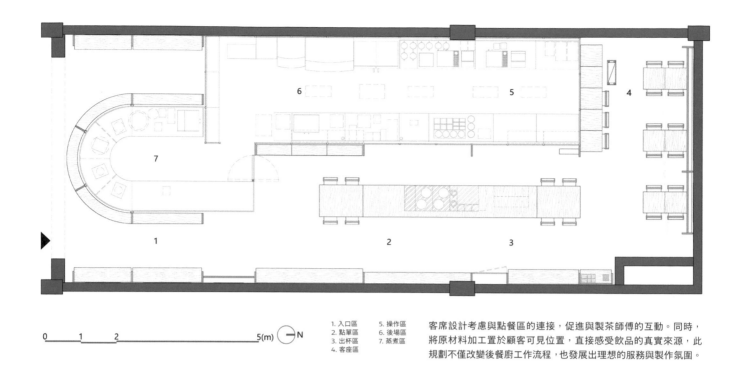

1. 入口區　　5. 操作區
2. 點單區　　6. 後場區
3. 出杯區　　7. 蒸煮區
4. 客座區

客席設計考慮與點餐區的連接，促進與製茶師傅的互動。同時，將原材料加工置於顧客可見位置，直接感受飲品的真實來源，此規劃不僅改變後餐廚工作流程，也發展出理想的服務與製作氛圍。

PLUS+ 施作工序解析

STEP 1 明確「制式與主材」，根據不同場地尺寸放線下料

使用兩種制式設計，板材邏輯的「大木作」以 3 公尺為模數，鋼型材邏輯的「框架廚房」則以 1 公尺為模數。板材為寬 20 公分、厚 4 公分；鋼型材則為 4 公分見方。大木作建構空間框架後，再將鋼型材系統嵌入其中。

STEP 2 以模塊進行加工和組裝，讓設計具邏輯性

因為模數和材料尺寸的對應，每三根鋼型材會有一根與板材對齊，並被雙板夾住。這就像傳統建造中的斗拱，它既是基本節點也是基本模數，有了它，工匠便可以「依法式而建」，也成為品牌獨有的 SI 手冊。

文｜李與真　設計、資料暨圖片提供｜空間站建築師事務所

Designer Data

設計師：汪錚

設計公司：空間站建築師事務所

網站：www.spacestationarchitects.com

Project Data

店名：拾柴手作蘇州觀前街店	平均客單價：人民幣 28 ～ 40
地點：大陸・蘇州	座位數：30 席
坪數：130 ㎡（約 40 坪）	建材木材、石膏板

8.9. **產品包裝也展現人文溫度** 品牌推出的商品、周邊產品等，其包裝也經過設計，都很有人文手感味道。

8 9

VISION

從視角、細節，打開設計維度

IDEA —— 老房子開店－舊屋成特色餐飲空間

老屋風潮依究不敗！愈來愈多餐廳、咖啡店選擇進駐老房子，透過設計再造新品牌的同時也延續老屋生命。蒐羅台灣各地經由老房子改建的餐飲店，從「老屋活化」、「餐飲定位」、「空間布局」、「風格定調」等面向，探究餐飲品牌選擇從老屋出發的原因，以及如何藉由設計帶出空間新特色。

DETAIL —— 迷你而精緻的外帶店設計

愈來愈多餐飲品牌思考店面改從小而精緻的外帶店切入市場，但迷你店鋪設計兼顧餐點製作、銷售，甚至座位服務，該如何「斟酌」以達到空間使用最大化？蒐羅台灣、日本、大陸的外帶店設計作品，從「店鋪設計」、「格局配置」、「亮點規劃」、「材質運用」、「包裝設計」等做細節探討，提供設計師或品牌業主規劃外帶餐飲店時的設計思考。

文｜田可亮　資料暨圖片提供｜十幸制作 TT DESIGN

發揮材料的純粹性，打造自然樸實的精緻「廢墟」

緊鄰科技辦公大樓，主要客群為科技產業上班族。為符合店主提出的「精緻廢墟」概念，設計團隊拆除了舊有店面裝潢，保留了空間的原始牆面，並巧妙地將工業感融入「廢墟」氛圍中，使用純粹的材料打造出別緻的咖啡店。

IDEA

Project Data

店名：Local Local 咖啡再地
性質：咖啡廳
地點：台灣‧新北市
坪數：150 ㎡（約 45 坪）
建材：水泥板、不鏽鋼板、樺木板

Designer Data

設計師：陳奕翰、趙玗、蔡昀修
設計公司：十幸制作 TT DESIGN
網站：truething.design/home

1 **1. 重設開口提升外立面採光，半成品風引人注目**　拆除原本外立面的結構，重新配置開口，增加光線進入，提升視覺效果與功能性。右側批土牆獨特的半成品風格十分引人注目。

設計團隊秉持客戶「精緻廢墟」的靈感，拆除舊有裝潢，巧妙地將工業元素與精緻細節融合於空間中。保留了呈現舊時情懷的原建築磨石子地板和原始牆面，在此基礎上加入新舊材料的對比，創造出獨特的衝突美感。例如，主要商品展示牆以「木盒」形式設計，採用 45 度接縫和每 15 公分的溝縫線，實踐設計巧思之餘也展現工班的精緻工藝。同時，牆面經過輕隔間處理，並進行批土後不做多餘的粉飾，營造出「未完成」的毛胚空間粗獷效果。外部招牌結合鷹架結構和不鏽鋼板，強調廢墟與現代的對比。主要材料包括水泥板、藍色批土牆、樺木板和不鏽鋼板，簡潔而不失視覺亮點，使空間在視覺上達到和諧平衡，並形成獨特的品牌印象。

外部招牌結合鷹架結構和不鏽鋼板，強調廢墟與現代的對比。鷹架結構上還用品牌特有的淺藍色捆綁，其靈感來自台灣早期漁塭的簡易構造，特別挑選並染上藍色，使其與品牌形象呼應。從裸露的水泥牆面與鷹架系統、漆上藍色批土的水泥板牆面，到木桌櫃體等，呈現施工「未完成」到「完整」成品的一種過渡與設計進程，進而找到設計動態的平衡。一般坊間牆面原本的批土顏色通常是白色，但設計師將其改為品牌的藍色，這一改動不僅增加了視覺亮點，也使得藍色批土牆成為空間的一個打卡熱點，其中，藍色批土牆尤為突出，不僅增加了視覺亮點，還成為熱門打卡景點，強烈的品牌聯想和視覺印象在社交媒體上形成了一種獨特的存在。其他材料，如樺木板和不鏽鋼板，則保持了簡潔的風格，使整體設計顯得純粹而富有質感。

2.3. **引進自然光線改造門面**　全案設計注重光線，拆除了原有較深的屋簷，使陽光自然灑落到室內，與立面視覺融合且提升空間明亮度與舒適性。4. **適當的拆除使室內更加明亮舒適**　注重室內採光，拆除入口深色鐵皮屋簷，解決原有室內陰暗問題，保持良好白天光環境，搭配線性天花板光源，提升訪客舒適體驗。

2	3
4	

空間布局靈活多變，輔以燈光示意外帶明快性

對於這種廢墟風格的牆面，設計團隊在拆除後進行了一些特殊的保養處理。由於拆除過程中會產生粉塵，故採取上透明漆作為保護層的方法，這樣可以有效防止牆面再次掉粉，保持其質感和觸感。此外，對於管線的處理，由於重新配置了櫃檯位置，也重新安排了管線，使其能夠符合新的空間布局，確保了外觀的整潔和功能性。在設計過程中，裸露的管線和天花板的裸露部分是特別設計的元素之一，旨在展現廢墟風格的同時保持精緻感。選擇使用精緻的材料如鐵管，而不是塑料管，以提升裸露元素的視覺效果和質感。

整體設計在有限的空間格局上，進行靈活多變的規劃，進而根據客流量進行公與私領域的劃分。此外，燈光設計以均光為主，採用日光燈管，確保整個空間光線充足，適合拍照，且符合客戶需求的快速外帶模式。櫃檯上方的燈飾採交叉設計和整體空間的燈光布局，進一步強化了空間的整體感和功能性，使得整個咖啡店在視覺上達到和諧平衡，並形成獨特的品牌印象。

5.6. **品牌特徵與視覺衝擊的獨特吧檯設計** 吧檯區使用小磁磚鋪面，與一側的木作展示牆形成明暗與分割對比，成功營造出了一個既有品牌特徵又兼具視覺衝擊力的獨特空間。7.8. **立面元素小巧思的展現** 外立面以獨特的輕鋼構鷹架設計搭配主視覺同色的捆綁構建，與刻有品牌標誌的門把相呼應，落實現代設計的精緻。9. **材料純粹與實用的精緻廢墟美學** 木作懸浮長椅與裸露水泥牆面開口切齊，發揮材料的純粹性且在一日光影變化下，實現精緻廢墟美學與實用性。

5			
6	7	8	9

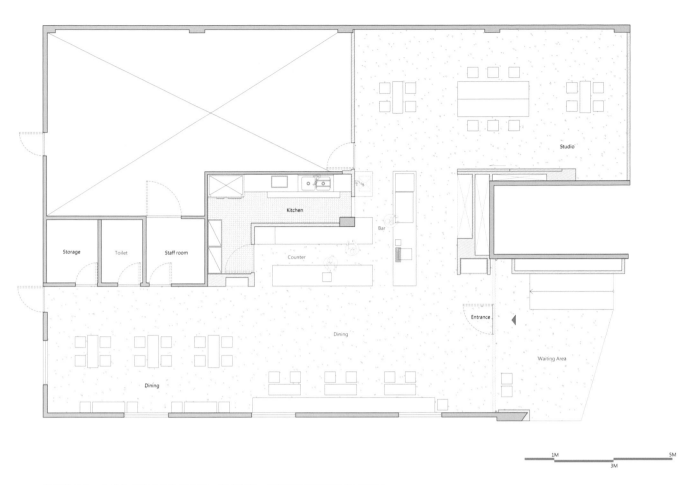

空間格局上，由主入口進入室內後規劃一條主動線，將櫃檯工作區置入在公共區
（用餐區）與私密區（工作室／包廂）之間，並用可移動的大滑門將兩區隔開來。
此設計使得空間靈活多變，根據不同客流量，讓公共空間單獨使用，節省能源；而
在需要舉辦小型活動時，包廂間又能獨立開放，提供私密的場地。

文｜劉繼珩　資料暨圖片提供｜初向設計 chūxiàng

老屋原味 × 木質系的光盒咖啡店

座落於公園對街的「鬧蟬咖啡」，彷彿一個帶著復古風格的深色木盒子，透過大片的方形開窗將公園裡的綠意和蟬鳴收藏到盒子裡，
讓附近的上班族可以暫時逃離工作壓力，在聞著咖啡香的空間裡行光合作用。

鬧蟬

Project Data

店名：鬧蟬咖啡

性質：咖啡店

地點：台灣・台北市

坪數：61 ㎡（約 18 坪）

建材：夾板染色、鏽鐵漆、生黑鐵、
礦物塗料、磨石子地板

Designer Data

設計師：曾國峰 TSENG,KUO-
FENG、陳宗億 CHEN,ZONG-YI

設計公司：初向設計 chūxiàng

網站：www.chuxiangdesign.com

1. **大片開窗引入採光與綠意**　咖啡店位在轉角處，正對著公園，大面的穿透開口不但引入採光，也
讓公園綠意成為自然窗景。

走出捷運南京復興站來到遼寧街上，路旁的公園、綠樹和出站時大馬路上的辦公大樓、車水馬龍氛圍截然不同，鬧蟬咖啡就安靜地在轉角處用咖啡香和經過的人們打招呼。初向設計 chūxiàng 設計師曾國峰回憶一開始看到基地時的心情：「老屋的變化性大，在設計上雖然挑戰和難度不小，但也能允許更多趣味性的發揮，而且隨著工程進行，老房子總會帶來很多驚喜！」

保留原始樣貌的溫度，注入現代感的圓潤

在了解品牌理念並與業主溝通想法後，曾國峰將鬧蟬咖啡定位為沉穩安定卻饒富趣味的空間，因此在材質色系上以深褐色的木紋夾板、鏽鐵漆為主要色調，穩定空間的同時，運用淺色的礦物塗料平衡深色的沉重感，並達到視覺放大的效果，透過深淺對比的呈現，小坪數空間也不會感到壓迫擁擠。

拆除工程進行時，老屋隱藏的驚喜出現了！初向設計 chūxiàng 設計師陳宗億指著天花板和地板表示：「拆除的時候發現原本的天花板有著復古的灌漿線板，塑膠地板拆掉後是很傳統的磨石子地，這些老房子的原始樣貌不但具有特色，也貼近大學就讀環保相關科系的業主，訴求自然、重複再利用的概念。」

由於業主提出「自然、現代」的空間風格期待，因此空間中採用俐落線條為主軸，再融入不同大小的弧形造型，讓整體更加圓潤柔和。此外，藉由各種穿透的開口讓空間變得通透明亮，窗外也規劃了植栽綠化，希望不管是外帶或內用的客人，進入空間都能轉換心境、感受光影變化，放慢腳步好好享受一杯咖啡。

2. **深淺色對比的採光座位區**　淺色系的牆面與深色調的吧檯區形成對比，大片玻璃窗外帶入採光，窗外的植栽也營造了舒服放鬆的氛圍。3. **圓弧造型天花板注入溫潤感**　深色木質調的空間中，吧檯區天花板運用了弧形造型柔化剛硬的線條，賦予沉穩調性多一點細節趣味。4. **創造視野開闊的吧檯區**　因應長形空間與管線位置，在了解咖啡師的使用順序後，將設備安排在同一側，讓空間放大也成為店內風景。

2	3
	4

在設計細節處用心，設計也要為食安把關

鬧蟬咖啡在空間規劃與材質選用上沒有過於花俏的手法，在細節上卻有著非常細緻的琢磨，像是店面入口設計了一個內凹座位區，讓外帶的客人也能稍作停留、沉澱心情；建材方面在考量預算成本下，使用夾板染色處理，但夾板屬於木皮相對不穩定的材料，所以特別挑選同一批且品質相近的材料製作，才能展現出最佳效果；另外，鏽鐵漆的花紋在弧形面上與倒吊或垂直面上，反應程度皆會不同，容易造成紋路不均的狀況，過程中更換過不同廠牌的鏽鐵漆及油漆師傅施作，幾經調整終於達成如今滿意的樣貌。

餐飲空間的設計不僅是滿足五感體驗，曾國峰認為設計也必須考量食安問題：「當初拆除廁所牆外的木作隔間後，發現原始磚牆已經剝落、露出局部的紅磚，業主和我們都很喜歡這種帶有原始痕跡的斑駁牆面，但在多方評估下，牆面剝落的塵屑可能造成食安及日後漏水等問題，最後還是進行牆面補強，改為圓拱造型的展示牆面。設計是有彈性的，需要因應實際現況適度取捨，這樣的改造做法可以解決問題並呼應設計中的弧形元素與品牌形象。」

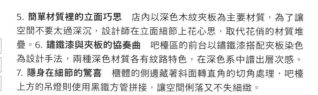

5. **簡單材質裡的立面巧思**　店內以深色木紋夾板為主要材質，為了讓空間不要太過深沉，設計師在立面細節上花心思，取代花俏的材質堆疊。6. **鏽鐵漆與夾板的協奏曲**　吧檯區的前台以鏽鐵漆搭配夾板染色為設計手法，兩種深色材質各有紋路特色，在深色系中譜出層次感。7. **隱身在細節的驚喜**　櫃體的側邊藏著斜面轉直角的切角處理，吧檯上方的吊燈則使用黑鐵方管拼接，讓空間俐落又不失細緻。

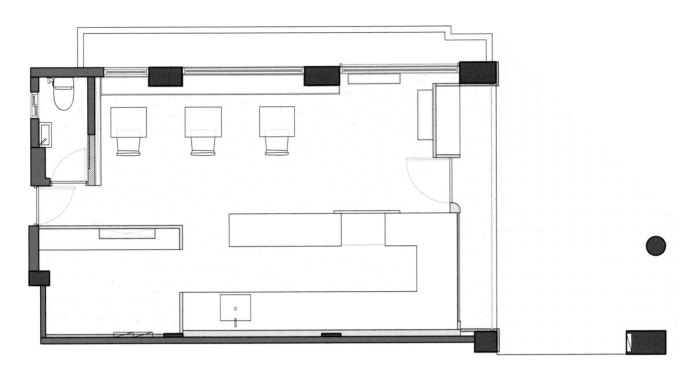

空間主要為長方形，考量製作咖啡的流程及需求，操作檯面以回字型動線進行規劃，並將大型設備往吧檯後方放置，盡量讓視線不被壓縮；座位區桌數精簡，讓每桌能保有舒適的距離。

業主經驗談 ────────

想要一間有溫度痕跡的咖啡店／鬧蟬咖啡老闆 彥廷
鬧蟬咖啡的品牌精神是挖掘新風味，多方嘗試提供不同配方的咖啡給客人，因此在復興店的設計上也呼應品牌特色，希望以自然元素加入現代感的俐落，創造出不同元素碰撞的可能性。尋找店面時也曾看過新房子，但都沒有符合心中的藍圖，最後選擇位在公園對面的老房子，在與設計師討論後，保留老屋的部分原始結構，並將原本過多的包覆性裝潢拆除，引入採光與綠意，舊有的天花板、磨石子地板，結合簡約現代的木紋夾板、鏽鐵漆，再搭配以廢棄木材製作的家具，營造既有溫度痕跡又簡單舒服的空間，提供客人們一方放鬆喘息的綠洲。

文│張景威　資料暨圖片提供│HERMIT　攝影│HERMIT、Ms.kuishinbou、Neilpapa、Oba in Chiayi

百年老屋優雅轉身，以「窺探」為引賦予新餐飲體驗

座落嘉義市成仁街道轉角、擁有山牆式斜屋頂的雙層老屋，建於日本大正 13 年（民國 13 年），原先為住宅，後來輾轉經歷了日式料亭、印刷廠、義式餐廳與甜點店，近年來經過官民合作修復後，以嶄新的面貌重生，成為位於同一條街上「木更咖啡」的新品牌──HERMIT。

Project Data

店名：HERMIT
性質：甜點店
地點：台灣‧嘉義市
坪數：130 ㎡（約 39.3 坪）
建材：鍍鋅金屬、黑鐵、玻璃、玻璃
纖維、環氧樹酯、實木、燒杉、特殊
塗料

Designer Data

統籌規劃：走走計画
LOGO 設計：Salmo Works
玻璃彩繪：Kingson Artworks
金屬座椅：幸中家具實驗室
SJ Furniture LAB

seed
spacelab
彡苗 空 間 實 驗

空間設計：彡苗空間實驗 seed
spacelab co.,ltd.
專案執行：邱宇平
網站：www.seedspacelab.com

空間顧問：本事空間製作所
網站：www.facebook.com/
SkilLability

IDEA

1. **玻璃纖維屏風創造「窺探」律動感** 二樓以日式隔門為發想，運用玻璃纖維打造有著圓形開口的
屏風，呼應空間「窺探」意象。

1

「當初沒有特別的展店計畫，只是與朋友聊天時得知我們『木更』咖啡附近有間正在改造的百年老房子，因緣際會下前去參觀，一進到室內木頭香氣瀰漫於空間當中，加上漂亮的兩層樓就算是位於嘉義『木都』也是難能可貴，」HERMIT 主理人 Rainie 緩聲說道。「那堡壘般的外型就像寄居蟹（Hermit Crab）一般，也恰巧回應木更逐步從嘉義的檜意生活村（嘉義的日式宿舍文創園區）成長、遷移的經營軌跡，再搬到成仁街現址，從獨立經營品牌、外縣市合作空間、再延伸策劃城市活動，因此我們向屋主提案決定在此成立新品牌『HERMIT』。」

HERMIT 的商品裡沒有延續木更咖啡而是以霜淇淋出發，除了因為兩個品牌位處同個街區，經由不同品項的串聯能令品牌更為多元化之外，更是期盼透過「杯中物」為媒介，讓大家來到空間之中進行體驗。由於這棟百年老屋有長達 42 年是為印刷廠，承載了印刷文化的變遷，因此 HERMIT 也決定將這個歷史揉合至空間當中，在這裡除了提供霜淇淋甜食、也結合微型活版印刷、導覽和講座體……讓人不禁好奇在這個「殼」內，還會有什麼新鮮事發生？

新舊共存創造空間嶄新印象引領街區創生

「『HERMIT』有寄居蟹之意，這個空間就如海浪打過沙灘後，一個個露出來的蟹殼，也似時間沖刷走歷史卻沒被帶走的記憶，被我們拾起。」有著設計背景的 HERMIT 主理人邀請對老屋修復與創新設計有獨到經驗的彡苗空間實驗 seed spacelab co.,ltd. 與本事空間製作所一同參與規劃。別於許多老屋以舊復舊回應歷史，這個兩層樓的空間反而是三方設計單位透過平面、空間到材質的不斷探討與應用，令新與舊共存，創造嶄新印象。

2. **共享桌營造輕鬆的餐飲體驗** 一樓空間由裁紙機延伸流水線鐵件長桌檯面打造共享餐桌，能讓顧客們恣意攀談，同時充分利用空間坪效。3. **仿磚牆材質抹鏝吧檯象徵土地連結** 特殊塗料抹鏝的吧檯象徵與嘉義土地的連結，並且透過內縮入口營造引客氛圍。4. **百年日式老屋變身霜淇淋甜食賣店** 有著山牆式屋頂的日式雙層老屋，是木更咖啡的新品牌 HERMIT 的據點，是一間以霜淇淋為主的甜食賣店。

2	3
	4

整體設計以寄居蟹的生活習性為發想，並延伸品牌的「We hide and seek」窺探意象，從大門使用燒杉工法的四面木門鑲上一個鐵絲玻璃洞口、空間裡藏有好幾個圈，或是二樓以演繹日式隔門的透光半圓屏風，都令人忍不住想要進入窺探的念頭。

而在此空間擁有重要歷史的印刷廠元素也巧妙的融入於空間設計當中：將印刷廠的招牌 45 度角掛在進門右側縱長面，裁紙機和玻璃長桌的結合則模擬了印刷流水線的概念，大量運用鐵件、帶有色彩的環氧樹脂座椅與老屋的木材質形塑衝突卻富有新意的視覺。為了呼應活版印刷中鉛字的獨特性，設計師 Salmo Works 為 HERMIT 設計 LOGO 及從 A-Z 的 26 個品牌字體「HERMIT TYPE」，手繪師 Kingson Artworks 則在進門繪製 LOGO 於入口玻璃上，完整 HERMIT 個性。

此外，為了因應大量的外帶需求，透過設計將外帶與內用動線分流，二樓則是預約與展演空間，井然有序且吸客的規劃不僅確保整體用餐品質，人潮也將品牌精神擴散到整個街區，帶動當地獨立小店的興起，透過與老屋結合的餐飲體驗成為當地街區創生的新據點。

5. **異材質於空間交匯展新意**　在木屋的框架下採用鍍鋅金屬、鐵件長桌、環氧樹脂座椅等多種異材質結合，形塑衝突卻富有新意的視覺。6. **手繪師繪製品牌 LOGO**　由手繪師 Kingson Artworks 於入口繪製品牌 LOGO，透過不同元素與藝術展現時間推進的美好。7. **特製餅殼的外帶霜淇淋呼應品牌意象**　使用燒杉工法的大門鑲上一個鐵絲玻璃洞口引人「窺探」，特製餅殼的外帶霜淇淋呼應品牌精神——寄居蟹的意象。8.9. **微型活版名片體驗工作坊深入城市文化**　每個月不定期開辦的「微型活版名片體驗工作坊」，令來訪的顧客不僅有特別的餐飲體驗，同時深入城市文化。

5		
6		
7	8	9

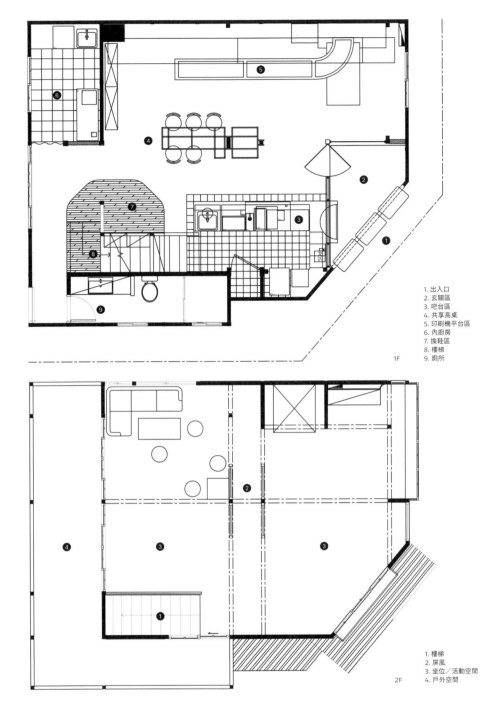

1. 出入口
2. 玄關區
3. 吧台區
4. 共享高桌
5. 印刷機平台區
6. 內廚房
7. 換鞋區
8. 樓梯
9. 廁所

1F

1. 樓梯
2. 屏風
3. 坐位／活動空間
4. 戶外空間

2F

雙層的空間，一樓利用內縮吧檯創造外帶點餐區與內用座位分流，即使大量外帶也不會影響內部用餐品質，而二樓則是預約座位與展演空間。

文｜林琬真　資料暨圖片提供｜直尺設計　攝影｜Hey!cheese

從老空間出發，打造內斂具現代人文的用餐環境

餐廳主廚曾服務於米其林二星的日式料理餐廳，為了傳遞這股職人初心，及悠然精緻的懷石料理文化深入在地，最終基地選擇在寧靜巷子裡一間 40 年老房子，改造成「掬‧KIKU」餐廳，展開日本饗食文化之旅。

IDEA

Project Data

店名：掬・KIKU
性質：日式懷石料理店
地點：台灣・台北市
坪數：148.8 ㎡（約 45 坪）
建材：石材、木頭、實木、稻稈漆

Designer Data

設計師：顏崇安
設計公司：直尺設計
信箱：yca@rulersdesign.com

1. **吧檯是日式料理的空間主角**　鎂光燈聚焦在吧檯及桌面，烘托主廚料理的專注過程，及強化食材色澤，提升料理的美味度。

1

低調內斂、不張揚的特質，可說是掬‧KIKU 主廚性格的絕佳形容，同時也呼應日式懷石料理不喧嘩、沉靜地內在涵養，這也是特別選擇鬧中取靜的老宅環境的緣由。而餐廳命名為「掬」，更希望透過食材饗宴與空間氛圍營造，讓客人有被捧在手心、溫馨款待之意。

迂迴、緩慢路徑醞釀獨特的用餐旅程

餐廳基地的選擇上，發現原始老屋與日本傳統家屋格局有神似之處。由於外部空間有架高格局，並搭配階梯形式，架高處下方結合透氣窗提供空氣流通，有如傳統日式空間的緣側（外廊）；同時也呼應日本傳統建築特色，室外銜接庭院，再延伸至街道的動線。此案老屋翻新後，變更大門位子至對角區，藉此延長行走動線，同時彰顯庭院、台階與架高基地優勢。透過黑色格柵造型堆疊建築立面，搭配大面積量體的灰色階梯導引至餐廳門口，穿越溫潤的木紋入口，踏入內玄關區。將原本直對大門的入口，刻意調為傾斜對角方式，延長動線；從狹窄門口至開闊感內玄關空間，最後再到餐廳區，演繹豁然開朗的視覺層次；內玄關結合酒櫃與藝術品陳設，創造心境轉換的過度地帶。空間由外到內，藉由迂迴、緩慢地路徑醞釀，撫平客人焦躁不安的心，讓用餐時得以專注、安神，品嚐出懷石料理蘊藏四季食材的樸真美味。

藉由材質映照出主廚對料理的執著精神

餐廳的設計核心，除了擷取日式家屋的特色，更映照出主廚自身對料理的堅持與精神。掬‧KIKU 依循傳統日式懷石料理為基礎下，融入現代人文質感的嶄新詮釋。為了表達主廚具高超的料理技巧，卻蘊含內斂性格的反差特質，因此空間設計上融合「輕」與「重」的對比意象，延伸出「良玉不琢」及「運斤成風」的靈感概念。「良玉不琢」詮釋對本質的追求，同時也是懷石料理追求食材原汁原味的真締，因此空間上藉由稻稈漆飾底、原石及木質的自然元素予以鋪陳，同時保留傳統日式的場域氛圍；而「運斤成風」則是為了彰顯主廚對懷石料理的純熟、高超技藝，延伸至空間設計上的材質活用及對比隱喻，例如兩側天花板皆以木質元素延伸，一側利用實體編織面營造波浪狀的輕盈感；另一側則以較細的木頭結構，織就正面桁架風貌。

2　3

4

2.3.4. **拉長動線來布局儀式感細節**　從庭園、沿著階梯到門口，內玄關再到餐廳區，藉由迂迴、緩慢地路徑，創造進入日式餐廳的儀式感。

為了彰顯懷石料理中食材的原始滋味，透過原始、樸質的材質與色系詮釋。空間壁面除了飾以偏黃、稻稈紋理的稻稈漆之外，更活用材料本質來對應食材本色。將溫潤原木運用於天花板、吧檯與局部牆面；中央柱體則使用礦物漆，彰顯粗獷、原始風貌。石頭運用於吧檯設計，米黃色中佐入黃色結晶藝術，與稻稈漆的壁面相互對應。洗手檯嚴選黑色大理石檯面，結合外側石皮風貌，琢磨原石被批開其撼動人心的自然風貌。

以吧檯為核心進行空間布局

整體空間為長型基地，以吧檯作為整體空間的核心角色，切割出上下兩大 L 區，分別是提供給料理服務者專用動線的上 L 區，包含板前料理區、內廚房與茶水服務區；下 L 區則為庭園、包廂、廁所，作為賓客主要活動區域。大部分空間的照明偏向幽暗，醞釀低調、沉靜日式料理餐廳氛圍，但為了更細膩的烘托空間主角，局部利用調光系統的照明強化亮度；主廚是款待顧客的主人，因此將 Spot Light 聚焦吧檯工作區，讓賓客欣賞主廚專注料理時的神情，及處理食材的完美過程；另一方面，為了烘托食材色澤，掀起味蕾對美食的慾望，強化桌面光線，讓視覺成功聚焦在食物上。

5.6. **體現原始本質及對比的靈感** 壁面飾以稻稈漆、柱體以礦物漆之原始漆料；天花板則利用對比的木紋結構，訴說料理的純粹真締。7. **打破立面規矩的層次設計** 廁所入口牆面使用量體堆疊手法，利用鏤空、錯位方式，創造輕盈的牆體感受。8.9. **輕重對比詮釋運斤成風概念** 洗手檯檯面鋪陳黑色大理石，側邊利用石皮包覆，營造塊狀原石被劈開的牆體風貌。

| 5 |
| 6 |
| 7 | 8 | 9 |

上 L 區

±18
±36
±54
±72
±90

E.

I.

D.
±0

C.

±100

-110

A.

B.

Q.

N.

P.

M.

J.

N.

N.

L.

O.

F.

工作台冰箱　工作台冷藏

G.

H.

0　-1　-2
-90

K.

下 L 區

整體空間為長型基地，切割兩個區塊，分別是提供料理服務者為主的上 L 區：板前料理區、內廚房與茶水服務區；下 L 區包含庭園、包廂、廁所空間，作為賓客使用的區域。

A. ENTRANCE
B. LANDSCAPE
C. STAIRS
D. ENTRANCE DOOR
E. STORAGE
F. CHEF TABLE
G. B1 ENTRANCE
H. KITCHEN

I. COUNTER
J. 4P TABLE
K. PUBLIC TOILET
L. PRIVATE TOILET
M. PRIVATE ROOM
N. PARTITION+DECO
O. TEA BAR
P. WINE BAR
Q. WIEN

文｜林琬真　資料暨圖片提供｜新澄室內裝修設計股份有限公司　攝影｜Hey!cheese、jamie lo

味蕾與視覺的雙重饗宴，讓品嚐懷石料理更道地

為了學習道地的日式懷石料理，業主專程到日本精心鑽研，從學徒晉升師傅，歷經五年時間；希望將這股日本美食文化深植台灣，業主將父親留下來屋齡超過 40 年的老房子，重新整頓、善加運用，以日式懷石料理為核心的「十口月究食方」餐廳就此誕生！

IDEA

Project Data

店名：十口月究食方

性質：日式懷石料理

地點：台灣・彰化市

坪數：122 坪

建材：風化木、硅藻土、鏽鐵、藝術
塗料、榻榻米、印度黑花崗岩

Designer Data

設計師：黃重蔚

設計公司：新澄室內裝修設計股份
有限公司

網站：www.newrxid.com

1. **強化空間氛圍營造，讓用餐更道地**　為精準傳達道地的懷石料理文化，除了對料理食材、烹調過程講究，更進一步延伸到整體空間動線安排以及用餐氛圍的營造。

十口月究食方建築體位於街道上的弧形轉角，主要將兩戶空間打通、整併為一個完整的用餐環境。由於業主希望傳遞道地的懷石料理文化，因此除了料理食材過程的細緻與講究，及人們味蕾的感官饗宴，更需進一步延伸到整體空間動線安排，及用餐氛圍的營造。

由於懷石料理對食材的講究、料理繁複性及每道料理的故事傳遞，料理作業過程顯複雜，因此動線設計上須考量出餐節奏較慢的精緻感，以及餐廳運作流程的順暢，包含食材卸貨、保存、料理空間、運送食物，到餐廚作業流程、服務生帶位、送餐及結帳等細節，梳理出動線順序；一樓主要規劃食材存放、保存及廚房機能，透過過道設計，營造場域隱私感；二、三樓則規劃四種類別的用餐區。

沉浸日式懷石料理氛圍

一踏入一樓帶入區，來到台灣玄關之意的「土間」，場景以日式庭園意象的乾景區延展開來，透過細沙、碎石詮釋出川流自然之美，石頭上殘留水波紋與漣漪的歲月痕跡，山、水情景交融的室內氛圍，讓到來的旅人宛如置身日本當地的懷石料理餐廳，體驗非凡尊榮的儀式感。整體空間融入濃濃的木紋材質，甚至搬運業主山上農舍附近的枯木，轉化為室內空間造景；局部牆面透過仿飾漆鋪陳，搭配批刀劈出自然的斑駁紋理，創造出簡樸、禪風的日式氛圍；天花板刻意營造幽暗氛圍，降低光線，重返經典的懷石料理饗食氛圍。

2	3	4
	5	

2.3.4.5. **四種座位款待風格**　整體空間規劃四種用餐體驗，從榻榻米、原木海灣型長桌、VIP 吧檯區到彈性調度位子的客席區，依客人需求滿足款待方式。

室內造景對應食材與季節變化

由於建築體外部街景較舊、沒有合適的優美景致作為空間對外的延伸，因此轉而利用二樓弧形建築立面規畫內縮空間，二、三樓中間樓板挖空，利用室內種樹造景形式，將景拉入室內，且延伸出兩層樓、四種屬性的用餐區域，無論在哪個角落用餐，皆能感受日式庭院景緻，及懷石料理的美學氛圍。

步入二樓空間，漂浮樹幹、碎石、石板踩踏的石頭造景映入眼簾，形塑自然氣息的迎賓禮儀；有一區規劃架高榻榻米用餐區，可因應人數彈性調整，也可以作為包廂式的空間使用；搭配 20 公分高度的傳統編織草蓆座椅，結合捲簾的使用，隨著午後陽光、樹葉扶疏映照，讓悠然愜意洗去塵世煩囂；另一側用餐區，擺放原木家具打造的海灣型長桌，搭配精緻花藝、長形編織吊燈，交織清幽的日式氛圍。三樓規劃前台區，提供 5 人以內乘坐數，成為廚師專屬服務的 VIP 等級客人；另一側作為客席區，可容納 2 ～ 12 人，依來客數靈活調整座位，也可包廂式併桌。

十口月究食方，實現業主對於懷石料理職人精神的夢想，且透過新鮮、精緻並吻合台灣人口味的懷石料理，搭配日式庭院的造景手法，體現獨到文化氛圍，更展現懷石料理文化裡對自然環境、四季律動的尊重。

6.7.8. **山水林自然靈感，淬鍊懷石文化** 將除了以樹木作為用餐空間的核心，更透過幽暗天花、斑駁感壁面、細沙、碎石與朽木的布局，呼應四季對應食材的懷石內涵。9. **生生不息的自然景致** 拆除兩層樓的樓板，利用中央庭園為核心，讓每個角落都能享受庭園景致的懷石料理氛圍。10. **日式庭園造景，創造懷石料理精隨** 將自然景緻引入室內，讓用餐者宛如置身日本在地懷石料理餐廳。

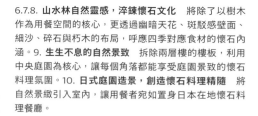

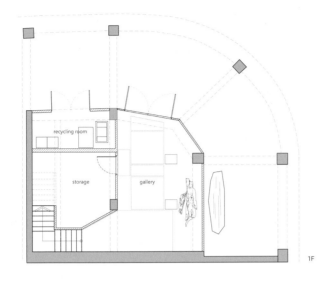

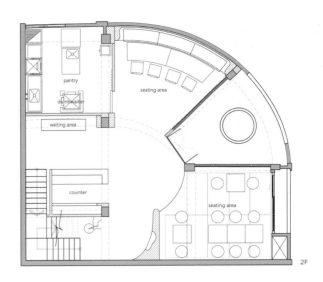

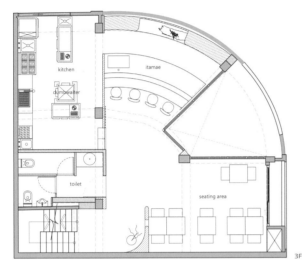

空間機能與動線安排上，依據食材保存、運送、餐廚作業流程，以及用餐需求等，延展出整體餐廳空間規劃。

文｜張景威　資料暨圖片提供｜艾區博室內設計　攝影｜Alfie Hsieh

結合城市脈動的老屋新生，BURNT 出熱情與極速美食

台北信義區的巷弄裡，這裡大多是住商混合的老公寓，面對商業區的上班族與入夜後的夜生活，一樓店面有著極佳的地點優勢，因此熱愛烹飪的三位料理職人在此間約有 50 年歷史的老房子開設餐廳，並決定以能夠快速飲食的漢堡搶攻一級戰區，期盼繁囂的市場中以同頻的情緒，像朋友般融入人們的生活，並於午間高效提供能量補給，夜晚則交替以濃烈鬆弛的調性。

Project Data

店名：BURNT
性質：漢堡店
地點：台灣・台北市
坪數：128 ㎡（39 坪）
建材：鍍鋅鋼板、樺木夾板、不鏽鋼、
FRP 格柵、水泥地板、磁磚、美耐板、
明鏡、清玻璃、鋁百葉

Designer Data

藝術總監：蔡薾德
室內設計：張晶華
平面設計：Archer
設計公司：艾區博室內設計
網站：www.achievable.info

1. **善用老房優勢地段與空間魅力提供美食** BURNT 位於台北市信義區的巷弄裡，在此提供能讓 Burnt out（職業倦怠）的上班族回復活力的美味漢堡，並善用老房子的地點優勢與空間魅力，展現品牌的多樣性與統一性。

1

「BURNT」是由三位具有高級餐飲經驗的年輕人經營，他們認為優質的食材和美食不一定需要在高級餐廳中花費幾個小時才能享用，透過漢堡，他們希望顧客能一口就感受到食物的魅力。也因為這樣突破常規的態度，品牌相信「鬆弛與活力，精品與休閒，即時與品質」的關係並不相悖，並在創立之初便與艾區博室內設計合作，以此信念為品牌定調。

「設計旅程始於洞察獨特價值，並透過空間和調性，找到與顧客對話的語彙。」艾區博室內設計藝術總監蔡蕭德提到。因此，餐廳經營者與設計師從品牌意象定義，店名 BURNT 源自於電影《天菜大廚 Burnt》，劇情描述一位廚師燃燒他的熱情追求每一道料理的極致，這也正是 BURNT 的三位創辦人對製作料理的熱忱所在。透過精心選擇的食材、手工技術、新鮮料理和低鈉提供美味的漢堡；另一方面店址剛好位在台北商業金融區，周邊多為上班族。這些上班族時常會感到的職業倦怠（Burnt out），也和店名形成了一種詼諧的對比。

扣合品牌概念，清晰且靈活的空間策略

在熱鬧的信義商區中的住宅老街，如同繁華劇場的後台，BURNT 以手工漢堡為媒介，以空間語彙為橋梁，成為都會人群在換場或趕場間的身心能量補給站。順應都市節奏，BURNT 以「休息站」和「轉運站」為概念，令空間使用更為多元，並將整體分為「視覺門面區」、「儀式觸及區」、「品牌形象傳達區」、「多元品牌樣貌區」與「社交互動區」五個部分，構建重點清晰、靈活度高的空間策略。

BURNT 以開放而輕鬆的調性，改換之前商戶門面封閉與動線迂迴的設計，如同以一個老街區的商鋪更替，為社區帶來了新生的能量。「視覺門面區」以炭灰色與橘紅色的強烈對比，內斂中透著熱情，帶出低調對比的空間語彙，利用照明令白天夜晚體現不同的感官情緒變替，同時具體表達品牌「一位有個性的暖心老友」的人設。

2. **異材質結合品牌聯名展示平台** 一進入室內，首先映入眼簾的是 FRP 格柵與鍍鋅鋼板製成的橫向檯面，這個平台專為未來的品牌聯名展示而設計，成為空間的視覺焦點。3. **裸露牆面展示輕工業風** 設計者善用老房優勢令水泥牆局部裸露令空間瀰漫輕工業氛圍，並於其上設置投影螢幕，利用影片無形傳遞品牌意念。4. **開放式廚房提供顧客儀式觸及與體驗** 櫃檯與開放式廚房藉由透明化的料理過程提供顧客的儀式觸及與飲食體驗，並提升點餐效率。

2	3
	4

老屋的前景運用水泥結構延伸，使店面畫面不會過於突出，同時提供緩衝空間，在此擺上兩張高腳桌，腳步匆忙的客人可以在此快速「立吞（站著吃東西）」，而室內室外透過折疊門模糊邊界設定讓顧客能夠輕易進入空間，入口側邊即是櫃檯與開放式廚房的「儀式觸及區」──透明化的料理過程傳遞料理職人的真誠；前門廳處則引入自然天光／夜間照明和立桌，方便來訪者拍照打卡或快速享用餐點，為街區注入新生的活力；座位區前方 FRP 格柵與鍍鋅鋼板橫向檯面為視覺聚焦，亦是專為未來品牌聯名所設的展示平台，串聯空間「品牌形象傳達」、「多元品牌樣貌」與「社交互動」。

老房優勢與順暢動線規劃彰顯品牌魅力

同時，設計者善用 50 年老房子的優勢令水泥牆局部裸露突顯氛圍鬆弛感，搭配冷冽的鍍鋅鋼板、不鏽鋼廚具與溫潤的樺木家具形成獨特的視覺吸引力，內斂放鬆與狂熱現代於空間中巧妙融合，產生「微妙的對比」。而對於餐飲業來說，極為重要的翻桌率與坪效是能否達到利潤、長久經營的關鍵，內用將近 40 個座位，並且透過吧檯、高站吧、卡座、四人座位等不同形式展現使用彈性，在表彰品牌意象、為疲累人們提供美味食物外，充分考慮實際機能。

設計者從品牌起始思考，善用老房子的地點優勢與空間魅力，展現品牌的多樣性與統一性，令每個細節都彰顯出 BURNT 的獨特魅力。

5. 折疊門串聯內外傳遞品牌調性　在整體較為封閉的街區上，BURNT 以折疊門的通透開放，釋放質樸與親和的調性，外部以水泥灰的色階融入群體，內部以炭火色的光暈流露溫暖，連貫品牌低調鬆弛，真誠交流的特質。6. 多元異材質體現品牌意念　BURNT 的空間設計巧妙地結合多種異材質，以傳達品牌的內斂放鬆與狂熱現代感：冷冽的鍍鋅鋼板與不鏽鋼廚具，配合溫潤的樺木家具，共同創造出獨特的視覺吸引力。7. 一口感受「好」食物的魅力　BURNT 認為好的食材、食物不一定要到高級餐廳，花上好幾個小時才能享用，透過漢堡其實就能一口感受到食物的魅力。8.9. 亮橘色包裝感受BURNT的活力　有別於空間的內斂低調，包裝採用鮮豔的亮橘色，讓顧客在收到時就能感受的食物的活力，同時，外帶也能成功吸引其他人的目光。

5
6	7	8	9

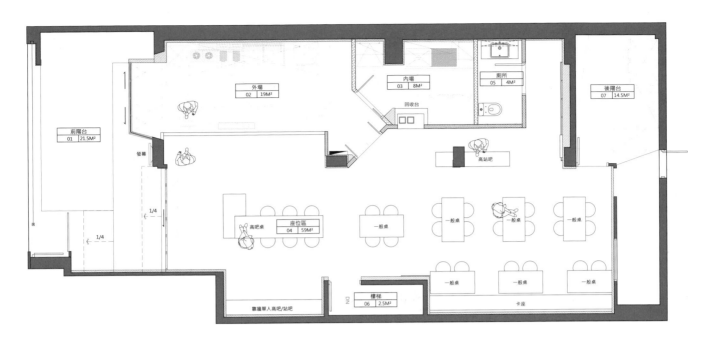

設計師模糊室內外空間，創造外帶、等待區，並於入口處規劃開放式廚房，透明化的料理過程傳遞料理職人的真誠，而高低錯落有致的座位安排則提供更順暢的動線與翻桌率。

設計師辦公室結合餐飲外帶店，活化老街區成文青聚落

Designer Data
謝易成、林佳嫻 / 3+2 Design Studio / www.3add2.com

Project Data
Goro Goro Coffee、大麗士、蹭蛋糕 / 咖啡店、可麗餅、雞蛋糕 / 台灣 · 台北市 / 39.6 ㎡（約 12 坪）/ 義大利灰白水泥、夾板、鐵件

複合店的多元發展愈來愈廣泛，座落於台北市南港老社區巷內，便有著設計師辦公室與外帶小店的結合，自然清新的外觀立面與特殊大開窗造型，彷彿讓人有置身日本街道的錯覺，同時也帶動街區的發展與鄰里互動。

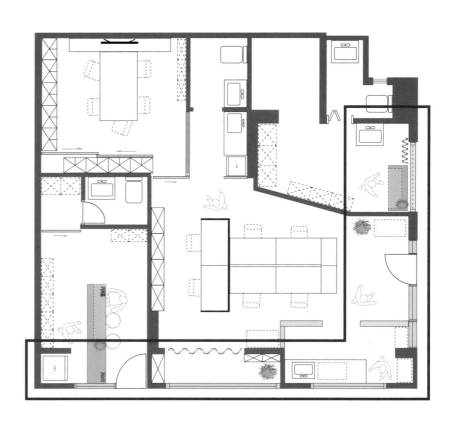

1. 3+2 Design Studio 辦公環境整合三間不同屬性的外帶小店，帶動街區的發展與鄰里互動。
2. 25 坪方正的三角窗基地，從不同餐飲外帶店所需規模配置坪數，同時考量複合式使用對於辦公空間的影響性，劃分出二間獨立、一間半開放的外帶店形式。

1　2

有別於單一外帶店型，位於南港舊城巷弄隱藏了三間不同餐飲類型的外帶小店，更特別的是空間運用上與 3+2 Design Studio 整合，提及多元複合場域的概念，3+2 Design Studio 創辦人之一林佳嫻說道，由於工作關係必須經常和客戶開會，但每每會議途中卻苦無餐點招待，因此在選定鬧中取靜、採光通透的三角窗基地作為新辦公空間時，便決定邀約餐飲品牌進駐，活絡老社區的互動交流。其次，也因為裝修階段正好碰上疫情，餐飲外帶市場處於蓬勃發展階段，讓他們特意瞄準外帶小店型態。

文｜許嘉芬　資料暨圖片提供｜3+2 Design Studio

順應基地環境，劃分出小店各自所需空間

面對 25 坪的方正基地，同時須滿足辦公與餐飲品牌的使用，不論是規劃抑或是餐飲業態選擇都是一大考驗。從平面配置上來看，基地中心主力空間、也是採光最佳區域作為辦公室使用，並將會議室、茶水間設置於對角處。預留出工作場域後，受限於坪數關係，需要較多設備、較大製作空間的餐飲業態，如麵包與蛋糕類型——淘汰，最終篩選出咖啡、雞蛋糕、可麗餅三大品項。其中考量雞蛋糕、可麗餅必須包含冰箱、瓦斯桶、製冰機、爐檯、水槽洗滌等機能，分別劃設出約 5 坪大的獨立空間型態，避免餐點氣味干擾辦公，同時小店主理人也能擁有休憩、獨立洗手間使用。另外設備相對較簡單、只需要 2 坪規模大的咖啡，則利用辦公室一隅打造而成，半開放設計保有空間的通透與延伸，也讓咖啡香氣伴隨工作時光。

木質開窗搭配灰白塗料，展現日系文青氣息

在於三間店鋪的設計上，首先將三角窗老宅的老舊磁磚立面拆除，重新刷飾義大利灰白水泥特殊塗料，結合不同比例的木質開窗與門面設計，創造與鄰里互動的可能性，尤其轉角處「Goro Goro Coffee」的外帶窗口、品牌燈箱更成為進入巷弄的第一視覺焦點，吸引來往路人們好奇與停留。同時搭配白色沖孔鐵網屋簷，不但能過濾不同光影變化與層次，搭配懸掛綠意植栽妝點陪襯，為老社區街道注入一股清新悠閒的新生活氛圍。不僅如此，3+2 Design Studio 更利用「Goro Goro Coffee」與「蹭蛋糕」之間的辦公場域區塊，增設一道大窗檯設計，現階段陳列展示創辦人謝易成蒐藏的各種公仔、骨董玩具，窗檯側邊另結合鐵件小圓桌，讓顧客們買了可麗餅、咖啡能在此稍作歇息，而未來 3+2 Design Studio 也有計畫不定期舉辦繪本、插畫展覽，賦予空間更多元的使用可能。

其中，「Goro Goro Coffee」的內部主要為一字型、60 公分深的檯面，主要放置咖啡機與水槽，一側畸零角落則以開放式層架作為紙杯、杯蓋等備品收納以及結帳，轉身就能直接拿取，方便操作出杯。立體窗檯部分則約 40 公分深度，同時可延伸為高吧座位使用。「蹭蛋糕」則是將一字型吧檯整合座位、烤檯與設備收納，局部搭配洞洞板牆面、木質層架，陳列主理人喜愛的各種貓咪雜貨，日後也不排除與貓咪手作品牌合作提供寄賣服務。

設計要點

1. 木質窗口、立面創造互動與一致性 三角窗老宅基地拆除老舊磁磚，換上義大利灰白水泥特殊塗料作為立面，搭配使用木質基調打造外帶窗口、門扇，讓外帶店彼此之間具有整體一致性，但藉由設計形式創造品牌差異識別度。屋簷部分則採用白色沖孔鐵網，既可以讓光線通透又能懸掛植栽陪襯，營造自然清新、放鬆的步調。

2. 手繪插畫風格增加品牌識別度 「Goro Goro Coffee」的外帶杯為可分解蔗渣杯，後續更換成紙漿杯蓋，回歸自然與永續。杯身則是主理人手繪躺在地上的咖廢人貼紙，呼應品牌名，轉角立面結合一致的招牌燈箱，成為顧客拍照打卡的背景主題牆，自然發酵於網路行銷。

3. 窗檯兼具高吧座位，出杯結帳更流暢 「Goro Goro Coffee」利用木質開窗、折門設計打造出外帶店型態，同時窗檯深度亦可作為高吧座位使用，窗檯後為咖啡機、側邊是備品收納與結帳，讓咖啡師不論是出杯與處理支付都十分流暢順手。

4. 根據餐飲類型劃分坪數 3+2 Design Studio 將承租的三角窗老宅結合三間不同餐飲性質的外帶美食，將「Goro Goro Coffee」規劃於轉角對外主視覺，木質開窗拉近與顧客的交流與分享，成為街區突出醒目的焦點。此外，三角窗的左、右較為獨立的區塊則分別配置「大麗士可麗餅」、「蹭蛋糕」，既可避免餐點製作時的氣味干擾辦公氛圍，同時略大的坪數也能滿足可麗餅與雞蛋糕製作所需的設備器具收納。

5. 大窗檯提供休憩、展覽等多元用途 「Goro Goro Coffee」與「蹭蛋糕」之間另開設一道窗景，窗檯側邊輔以鐵件小圓桌設計，讓顧客們可以稍作歇息，未來更有計畫不定期推出如兒童繪本、插畫等展覽，賦予空間更多元的使用，活化老社區街道，也帶動街坊鄰友的互動。

以材質與色調製造溫暖清新的消費空間

Designer Data

鍾黎 / 株株設計 / oliverinteriordesign.com.tw

Project Data

雪坊優格師大店 / 優格店 / 台灣・台北市 / 47.2 ㎡（約 14.3 坪）/ 塑膠地磚、礦物塗料、杉木、石紋美耐板

純淨的牛乳與菌種交互作用後，發酵成為濃醇的優格，雪坊優格強調「堅持全品項的原料皆為天然無添加」的品牌精神，也成為了株株設計主理人鍾黎發想空間設計的起始點。近期頻頻拓點的雪坊優格，有別於其他店家高調的設計，店面以簡約的風格，與柔美的光暈，為街頭風景注入一股清新。

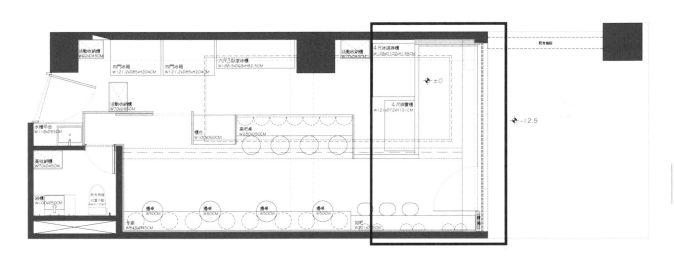

1. 雪坊優格師大店以大片的落地玻璃模糊內外空間的界線，通透簡約的空間，在繁雜的城市中，更顯得清新。2. 基地為狹長型，將陳列商品的珠寶櫃與冰淇淋櫃配置在入口處，透明的玻璃宛如大型櫥窗，讓熙來攘往的人注視到聚集在店頭的人群；動線預留貨物推車進出的寬度，規劃為客席。

1 2

隨著健康飲食的觀念抬頭，優格已經是許多家庭必備的早餐選項之一，雪坊優格以「精品」的概念切入市場，主打純天然、無添加物的優格，與市面上結合多種調味的市售優格作區分，在網路站穩腳步後，近年也跨足實體店鋪，在市區樞紐地帶展店，除了讓品牌以家庭為主的族群可以就近「補貨」，也提升品牌的能見度。鍾黎表示，與雪坊優格的合作自 2020 年開始，一直以來的設計都延續著「原料天然無添加」的品牌精神為發想，優格的原料來自於鮮乳，而新鮮的乳源來自於吃下青草的健康牛隻，因此門市空間希望能呈現清新的草本調，在車水馬龍的都市街景中，以沉靜的存在，吸引大眾的目光。

文｜April 資料暨圖片提供｜株株設計

雪坊優格主要販售的商品以罐裝優格、優格飲、優格冰淇淋為主，消費模式以外帶居多，因此門市選址不需過分拘泥於坪數大小，可更針對地點貼近潛在的消費族群，師大店座落於學區周邊，學生、家長、周遭的居民、教職員，路過時均可注意到門店的存在。師大店的店面空間扣除櫃台之後，仍有餘裕可結合內用客席設計，鍾黎指出，品牌的優格採原罐發酵的方式製作，顧客在開蓋的瞬間也是與產品的第一次接觸，因此她將圓形的曲線，轉化到空間各處，不論是立面的打卡牆，或是特別訂製的桌椅，與壁面的圓形壁燈，讓品牌意向能藉由設計傳遞給顧客。

透過材質燈光呈現品牌清爽調性

鍾黎表示，目前與雪坊優格合作設計門市空間，目前已完成了 26 間，而師大店也是其中之一，在每一次的合作過程中，都會在一貫的基調下，加入一些新的嘗試。為了呈現與品牌相符，強調天然、無添加其他加工品的特性，初始的設定就是希望打造一間，視覺重量很輕盈的店鋪，能自然地與周遭的店家做出區隔，進而獲得人們注視的目光，因此從材質、線條，到燈光，都以此為脈絡進行的。門市立面，落地的大片玻璃作為模糊室內外的界線，讓來往的行人目光可以聚焦於擺放商品的珠寶櫃，進而關注到商品本身。

不同於一般零售店家將收銀櫃設置在入口處，鍾黎分享，品牌方發現，大方地提供「試吃」是讓客人點頭成交的關鍵，這也影響了店鋪的動線設計，在消費的過程中，客人的視覺會先經過冰淇淋櫃、珠寶櫃，經過座位區才抵達結帳櫃檯，藉由空間規劃與空間設計，可以自然地拉長客人駐足店內的時間，讓門市顯得熱鬧有人氣。

雪坊優格門市空間中的材質，以能傳遞自然、質樸感售的材料為主，店內的打卡牆結合優格罐圓形造型，立面以帶有顆粒感的塗料披覆，搭配圓形的燈箱，突顯空間主題；櫃檯立面以石紋美耐板包覆，讓品牌的壓克力字更加地顯眼。空間整體色調以淺米、淺灰為主，內用客席除了有高腳椅之外，沿著立面也規劃了 4 組的雙人座位區，除了特別訂製的圓桌之外，在天花線條中，也可窺見圓弧的蹤跡，讓生硬的線條與直角得到修飾。

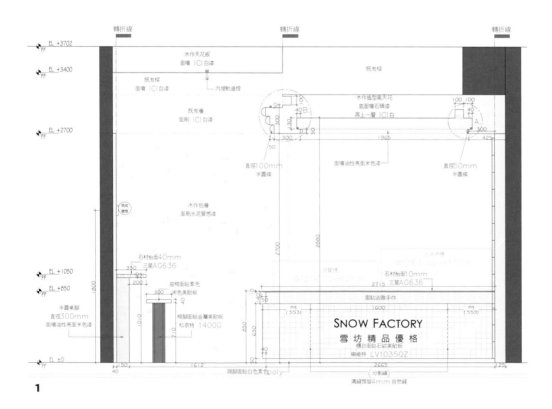

2

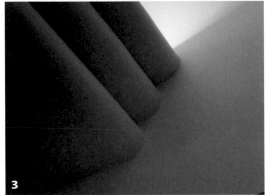

3

3

設計要點

1. 以商品為店舖的視覺焦點 雪坊優格門市以外帶為主，櫃檯以石紋美耐板呈現品牌對於自然的訴求，將珠寶櫃與冰淇淋櫃放在店中最顯眼的位置，讓來往的行人能一眼就看到店家的主打商品；立面結合優格罐的形狀，化為造型牆，搭配圓形的燈箱設計，同時突顯店中，除了販售優格外，也有口味豐富的冰淇淋。

2. 打卡牆結合品牌意向 品牌的包裝以圓罐盛裝優格，加上原罐發酵的製程，開封的瞬間也是消費者與新鮮優格的初次接觸，設計師以此汲取靈感，融入打卡牆設計。圓點造型的立面設計，結合礦物塗料，讓人與舀起優格的畫面連結，搭配亮起的燈箱，透過空間向客戶傳遞品牌強調天然的訴求。

3. 利用燈光刻劃空間層次 雪坊優格師大店用簡約的色調與材質，打造與品牌訴求調性相符的空間，為了讓空間能具有層次與細節，在空間中結合弧形線條的設計語彙，搭配間接照明，製造悠閒的氛圍感；座位區的立面也加入球形壁燈，在夜幕降臨後，一盞盞的小燈透出的光暈，使門市空間宛如一個發光的小盒子，在街上暖暖地發出亮光，彷彿向所有的路人發出邀請，讓人更願意推開玻璃門踏入店內。

4. 利用動線與立面規劃客席 店家的運營型態，也左右格局配置的規劃，雪坊優格以區域客為主，許多熟客習慣定期補貨，店鋪設計也必須空出相對的空間容納冷藏設備，內場區域結合儲藏空間，使貨物進出的動線與結帳路線疊合，因此客席設計以吧檯區結合座位區的方式設計，利用不同的高度，增加視覺與空間的層次，同時滿足實用機能。

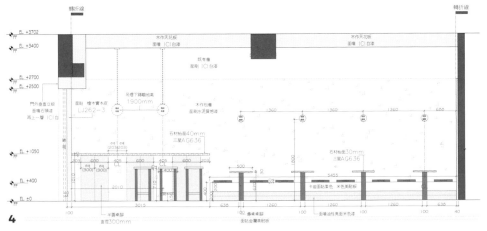

4

4

窗邊咖啡魅力，轉角處的日式風情小店

Designer Data

張豔云 / 山角設計 / NRNR Interior Design / www.facebook.com/nrnrdesign

Project Data

小川珈琲所 ogawa / 咖啡外帶店 / 台灣‧台北市 / 約 4 坪 / 木頭、鐵皮、紅磚和水泥磚、門窗用實木角材

位於城市轉角處、大樹庇蔭下的玲瓏店鋪「小川珈琲所 ogawa」，憑藉其獨特的日式風情，香氣四溢的咖啡味，吸引著路人的目光。店面外觀以灰磚和木質窗框為組成元素，給人一種古樸而又時尚的感覺。透過寬大的玻璃窗，能一覽店內的紅磚牆，灰與紅的色調巧妙融合，營造出和諧溫馨的氛圍。

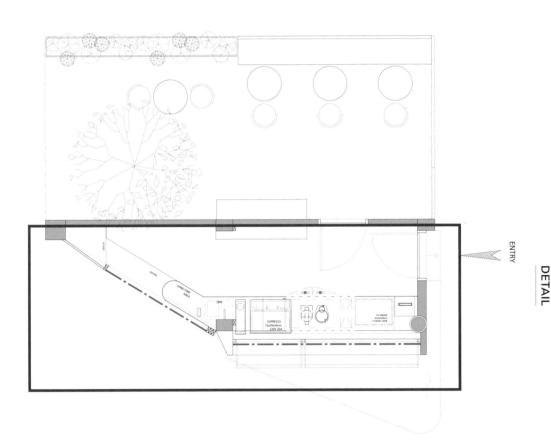

1. 小川珈琲所 ogawa 的店面外觀以灰磚和木質窗框為組成元素，給人一種古樸而又時尚的感覺。2. 巧妙劃分為室內烹調區和戶外庭院，將唯一的吧檯考慮到點餐、製作、出餐和結帳的流程，把這些環節集中在最小的空間範圍內，不僅提升工作效率，也有效促進顧客與吧檯之間的互動。

| 1 | 2 |

小川珈琲所 ogawa 位於三條道路的交匯處，這一地理優勢成為設計靈感的來源。設計師將三條道路匯聚的概念融入到店鋪的命名和設計中，以「川」字作為意象，象徵水流的交匯處如同人流的集散地。店面坪數僅有 4 坪，空間有限，內用設定上無法提供多樣且舒適的客席位置。因此，在店鋪後方的樹下範圍，設置了 6 個戶外座位，供顧客休息以及享用餐點。周邊的消費族群主要以上班族為主，他們的購買習慣偏向快速、便利的外帶形式，基於此特點，採以外帶為主要營運方式，既滿足顧客的需求，又有效地利用了有限的空間。

文｜李與真　資料暨圖片提供｜山角設計 / NRNR Interior Design

店鋪的前身是一個老舊的鐵皮屋，在這次翻新中，為能夠將現代設計與傳統元素結合，既保留老屋的原始獨特魅力，又賦予它新的生命力，屋頂進行了整理與加固，一方面確保建築的安全和耐久性，並保留具有歷史感的紅磚牆。店鋪後方的大樹與小屋構築出一種樹下休憩的悠閒感，這裡不僅是人們購買美食的場所，更是短暫休息和放鬆的港口，為忙碌的上班族提供了一片寧靜之地。

從外到內的設計哲學與自然融合

咖啡店內的空間設計平衡了工作效率和顧客的使用體驗。坪效規劃將點餐、製作、出餐和結帳流程這些環節壓縮至最小範圍，使顧客與吧檯的互動更加緊密。吧檯高度設計為約 90 公分，這與標準廚房檯面高度一致，確保操作方便，長度約 3 米，從店面右側一直延伸至最深處。前部設有點餐區和義式咖啡機，而後端則有一個專門用於手沖咖啡的 90 公分區域。尾端的三角形區域展示和挑選咖啡豆，讓顧客在等待咖啡製作時，可以與咖啡師互動交流，增添趣味性和參與感。

由於吧檯的一部分位於戶外，設計師選擇了耐用的水泥磚作為主要建材，灰色的色調延伸了狹小空間的視覺效果。檯面鋪陳易於清潔的人造石，方便日常維護。同時，還利用舊屋的實木板改造成門窗，這些如同小木舟船板的實木板材，為店內加入了自然樸實的氛圍。戶外漆面的藍色點綴則呼應河流的色調，為整體設計注入清新和活力，除此之外，店外的小花園和長凳也為咖啡店增添不少魅力，長凳與周圍的綠意相輝映，使整個場域充滿生機，不僅是等待咖啡的舒適場所，顧客更能在這裡拍照打卡。

除了空間設計，小川珈琲所 ogawa 在產品包裝設計上也別具匠心。店主聘請的 VI 設計師以熱咖啡上的「煙霧感」為靈感，將這一靈感巧妙地融入到包裝設計中。柔和的線條和煙霧般的圖案共同打造出一種悠閒放鬆的感覺，讓消費者在拿到產品的那一刻，就能感受到咖啡帶來的溫暖和愉悅，這樣精心設計的包裝不僅展現對細節的追求，更讓每一位踏進的顧客都體驗到品牌的細緻用心。

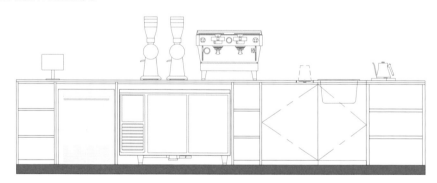

1

1

**設計
要點**

1. **翻新與融合，柔光木梁下的咖啡香** 店鋪的前身為老舊的鐵皮屋，經過翻新，融合現代設計與傳統元素，保留老屋的獨特魅力，同時注入新的生命。咖啡吧檯設在靠窗處，白色桌面與黑色櫃體和咖啡器具完美搭配。天花板保留原有木梁結構，搭配軌道燈的溫暖光線投射於紅磚牆，透過木製窗框散發的柔和黃光，營造出溫馨的日式氛圍。

2. **實木板再利用，綠意環繞的拍照熱點** 特殊的打卡牆和有趣的招牌設計成為顧客記憶點。利用舊屋實木板改造成門窗，如同小木舟船板，增添自然樸實的氛圍，戶外壁面的藍色漆面呼應河流的色調，賦予清新與活力的印象。小花園和長凳融合周圍綠意，使其成為拍照打卡的理想場所，也能感受到與自然融為一體的舒適和放鬆。

3. **小而精緻，多功能利用的巧思展現** 店內空間僅有 4 坪，整體配置包含點餐檯、料理製作區、取餐口等。由於空間有限，無法提供多樣且舒適的內用座位。因此，在店鋪後方的樹下設置了 6 個戶外座位，供顧客休息和享用餐點。尾端另設計一塊三角形區域，用來展示和挑選咖啡豆，讓顧客在等待咖啡製作的過程中能與咖啡師互動參與。

4. **優雅美學，視覺與感官雙重享受** 小川珈琲所 ogawa 也在咖啡豆包裝盒、外帶杯上展現設計質感，以熱咖啡上的「煙霧感」為靈感，巧妙融入包裝設計，用柔和線條、煙霧般的圖騰與繽紛色系，共同打造出悠閒放鬆的氛圍，讓消費者在拿到產品的一瞬間就能感受到咖啡帶來的溫暖與愉悅。

以材質呈現新舊碰撞，大隱於市的時尚咖啡

Designer Data

王鏘力 / 鏘設計 / www.qiangid.com

Project Data

Kexi coffee 可喜咖啡 / 咖啡店 / 大陸・浙江溫州 / 20 ㎡（約 6 坪）/ 火燒馬蹄石、金屬板、樺木板

老社區生活步調和緩，雖然恬淡，卻也似乎少了那麼一絲活力，獨立咖啡品牌「Kexi coffee 可喜咖啡」落腳於老社區的一樓，不以炫彩奪目的顏色與招牌強硬介入街景，而是以濃郁的咖啡香，與模糊室內外界線的建築手法，友善地邀請人們，了解並接納門店的存在，並進一步愛上，啜飲一口濃醇的迷人時光。

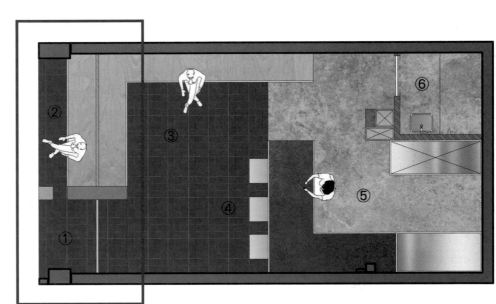

1. 入口 Entrance
2. 戶外休息區 Outdoor rest area
3. 休息區 Rest area
4. 售賣區 Sales area
5. 操作區 Operation area
6. 洗手間 Restroom

1. Kexi coffee 可喜咖啡落腳於老社區內，門店以現代俐落的風貌融入小區的街景中。2. 全店空間由外到內可分為三個區塊，店面結合戶外休息區，讓街坊鄰居可以在此逗留，室內空間配置環繞式座椅，使空間動線空曠自由；以操作櫃檯區分內外場的動線，抬高的地坪也方便工作人員關照店內外的動靜。

| 1 | 2 |

對於咖啡人來說，能有一個屬於自己的品牌與門店，能擁有最大地自由做出咖啡理想的風貌。負責本案空間設計的鏘設計設計師王鏘力表示，業主算是溫州地區最早一批接觸咖啡的人，在蓄積多年後希望以 Kexi coffee 可喜咖啡作為獨立品牌出發，為了讓更多的人可以認識、了解咖啡，業主捨棄了繁華的大都市，而是選擇充滿了市井氣息的老社區開店。這樣的老社區，居住人口多為長輩，對於咖啡也相對地陌生，業主以咖啡作為媒介，讓店鋪成為社區居民的社交場所，透過咖啡的香氣，串聯起人們的情感，活絡原本安靜的小區。

文｜April　資料暨圖片提供｜鏘設計　攝影｜張家寧

Kexi coffee 可喜咖啡的店鋪面朝街區，內部空間僅有 20 平方公尺（約 6 坪）的大小，若作為單純的內用店，會面臨空間不足的問題，以外帶為主、內用為輔的形式，更適合品牌。王鏘力表示，「基地四周有各式各樣的店鋪，如何在眾多的門店中脫穎而出，卻又能呈現品牌的質感與特色，是設計上首要必須思考的。」因此，設計上從門店的外觀材質，到立面的開放程度與形式著手，選用金屬、石材、木頭……等元素，呈現新舊並存的意向；以折窗模糊室內外空間的界線，讓視線可以清楚地辯認空間屬性，與主要販售的商品為何，同時也讓沖煮咖啡的香氣，能自然地溢散到空中。

三層分割空間滿足機能與視覺

業主選擇落腳於老社區，就是希望能透過咖啡店的進駐，活絡老社區的氛圍，因此在門店的視覺訴求上，就必須在與周圍景致相融的前提下，利用設計做出區隔，讓人可以一眼就關注到咖啡店的存在。王鏘力以材質切入，當地的社區街道採用一種名為「馬蹄石」的材質作為鋪面，因此在店鋪的部分立面與地坪材質選擇上，也使用馬蹄石鋪裝，透過材質的選擇製造與環境、人文的親和感。

王鏘力將空間分割為三個區域，第一個區域是門面，由於座朝街道，可透過門店的設計為品牌吸引顧客，門口結合 24 小時的座位區設計，希望街坊鄰里可以在此停留品嚐咖啡；第二個區域則是店內的內用區域，以環繞式座位區取代傳統的桌椅配置，使空間更加地自由；第三個區域則為人員調飲操作的區域，刻意抬高的地坪，讓半開放式的操作檯發揮如瞭望台般的機能，能在與客戶交流的同時，時刻關注店內外的動靜，確保能及時地提供服務，並給予關切。

Kexi coffee 可喜咖啡與老社區的相遇，象徵新與舊的融合，王鏘力在初次見到基地空間時，對於樓板水泥中一顆顆大小不一的骨料印象深刻，因此他保留了建築原始的風貌，並結合樺木板、金屬板等材質，進行搭配與穿插，使空間的層次暨涵蓋了過往的歷史，亦結合的當代的創新。王鏘力也分享，咖啡店開幕後，許多年輕族群藉由網路的力量，走進了社區，再透過拍照打卡，讓 Kexi coffee 可喜咖啡在社群上被傳播，原本平靜的老社區，多了年輕人的笑鬧聲，咖啡店也成為社區居民的社交場域之一，這樣的改變不僅周遭店家受惠，也為社區注入一股鮮活的力量。

1

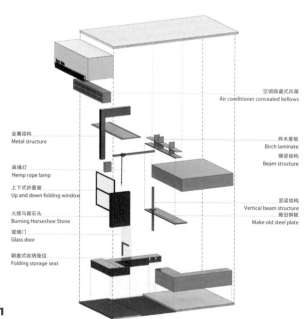

1

空调隐藏式风箱
Air conditioner concealed bellows

金屬結构
Metal structure

麻绳灯
Hemp rope lamp

上下式折叠窗
Up and down folding window

火烧马蹄石头
Burning Horseshoe Stone

玻璃门
Glass door

翻盖式收纳座位
Folding storage seat

樺木層板
Birch laminate

橫梁結构
Beam structure

竖梁結构
Vertical beam structure
做旧钢板
Make old steel plate

設計
要點

1. **以機能為導向，配置格局** Kexi coffee 可喜咖啡由外到內可分為三個部分，門面的戶外座椅高度與室內的環繞型座椅高度相同，L 型的座椅結合置物櫃設計，將木板搬開可放置個人物品，開放的空間也因這樣的空間規劃，而顯得更加自由；櫃檯的存在界定了內外場的空間，也讓客人的消費路線更顯得一目了然，在完成結帳手續後，不論直接外帶，或是當下品嚐，動線都順暢無礙。

2. **大隱於市的社區咖啡店** 業主開設咖啡店的初衷，是為了要推廣咖啡，活絡小區的生活氛圍，因此在門店的設計上，以座椅結合折窗的設計，最大限度地將立面打開，透過開放式的設計，讓路過的人們可以一眼望穿室內空間。沖煮咖啡的香氣隨著空氣逸散，人們靠著嗅覺連結視線按圖索驥，就能關注到咖啡店的存在。

3. **以材質傳遞品牌初衷** 新潮的咖啡對於居住在老社區中相對年長的大部分居民來說，是較為陌生的，Kexi coffee 可喜咖啡的進駐，也象徵著新舊的相遇與結合，立面以建築的手法結合 L 型的金屬線條，為店門立面賦予新潮的氣息；戶外座椅立面選擇鋪設社區路面的馬蹄石作為貼面材質，象徵基地本身的歲月，呈現新舊交織的畫面。

4. **留白讓材質與空間產生對話** 打卡文化能透過自媒體的力量，使品牌知名度向外擴散，設計師透過大量的留白，藉由新舊材質的搭配運用，結合水平與垂直相交的線條，製造出精練的空間；麻繩燈自梁垂掛而下，點亮空間，讓人不由得拿起手機，希望用鏡頭捕捉眼前的景致，分享在自己的社群上。此外，基地位於屋齡至少逾 40 年的老社區一樓，天花板可清晰地看到當年施作時所選擇的骨料顆粒，設計師將馬蹄石、木頭、金屬等元素加入空間中，用這些質樸材質烘托刻意保留的天花與柱體，讓新舊能毫無違和地並存空間中，一如 Kexi coffee 可喜咖啡之於老社區的進駐一般。

透過三坪外帶小空間，創造更多的溫度與意義

Designer Data
Nahoko Nakamura、Masahiko Nakamura / koyori / koyori-n2.com

Project Data
CANELÉ du JAPON / 可麗露專賣店 / 日本‧大阪 /10㎡（約３坪）/ 黏土牆、泥土、和紙

位於日本大阪的可麗露專賣店「CANELÉ du JAPON」，繼日本櫻川店、堂島店、長堀橋店後，再度開設第四間門市谷町四丁目店，
請到 koyori 建築師事務所操刀規劃，有別於過去的店鋪設計，整體揉入日式傳統風格，設立在一幢幢現代建築中，格外顯眼。

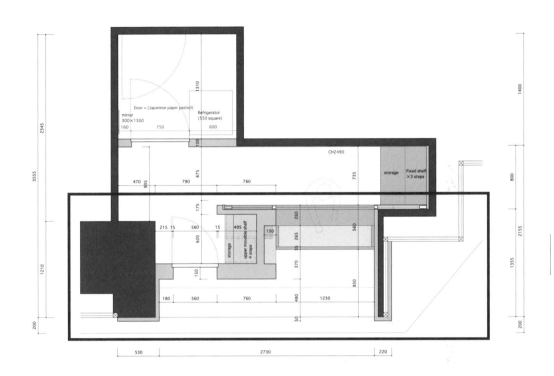

1. CANELÉ du JAPON 谷町四丁目店店面空間僅 10 平方公尺（約 3 坪）大，因此設定為外帶
店形式，傳遞品牌精神也將可麗露的幸福滋味帶給每一個人。2. 設計師將空間減化到最單純的
配置，前側以販售、服務接待為主軸，銷售區以外則算是內場，包含設置儲藏櫃體、冰箱、後方
商品進出口等。

1 2

位於日本大阪的可麗露專賣店 CANELÉ du JAPON，特別之處在於，他們把發源於波爾多
的法國傳統點心，以日本口味進行改良，並結合在地食材、當季口味，推出多種風味，讓一
顆顆精緻小巧的可麗露不只貼近在地，還有屬於自己的特色。

CANELÉ du JAPON 谷町四丁目店店址的前身原是彩券行，也是個僅有 10 平方公尺（約
3 坪）的空間。Koyori 建築師事務所觀察地理位置時，他們考量四周環境，若同樣也是以
極簡主義和當代元素進行規劃，這間小店很可能就融入在現代街廓中，進而失去吸引力。

文、整理｜余佩樺　資料暨圖片提供｜koyori　攝影｜Junichi Usui（usuijunichi@hotmail.co.jp）

為了確保品牌形象，並增強其特有的手作、有機等鮮明特徵，設計師決定將該品牌代表性的元素整合在一起，打造出一個充滿吸引力且令人印象深刻的的店鋪個性。有別於先前的店面設計，谷町四丁目店的店外觀特別請工匠以泥土作為材料打造成黏土牆，土褐色再加上厚重的堅固感，彷彿可麗露的外層一般，手工方式形塑，表面帶有一些手感和不規則肌理，同時還揉入木質調與綠意，降低給人的距離感之餘，還暖化了街邊環境。

善用空間的每一寸，把效益發揮到最大

由於空間僅約 3 坪大，品牌方當時就在思考，開設一間甜點店，不一定需要座位，也許透過外帶方式，一樣能將品牌理念、美好的甜點滋味傳遞給更多人知道。設計師也在既有坪數、格局調件下，以外帶店形式做了全新的配置，其針對烘培師製作甜品、店員販售食品以及客人光顧的需要，作出了更妥善和舒適的動線規劃。

既然這是一家以外帶為主的甜點店，設計師將空間減化到最單純的配置，入口進來右側就是展售與服務櫃檯，這也作為銷售前場，在這區做了一個很像落地內凹的設計，刻意將入口稍做退縮，一方面強化進入到店面的感受，二方面則是讓店的客人能有足夠的地方細心挑選甜點商品，同時也能與店員做互動交流。至於展示區的兩側則設置了儲藏櫃體，包含用來放置剛好製作完成送來後的可麗露商品或是外送包裝等，置於兩邊的好處在於方便銷售人員可以隨時拿取，當架上商品販售完畢，只要移動幾步即可取出補貨。

縱然空間狹小，可以看到設計師仍盡可能地劃設了後場，在櫃檯後方即是製作可麗露的區域，不僅有對應的出入口，同時還設有冰箱等電器，利於烘培師能專心製作甜點。另外也可以看到設計師盡量將機能沿著牆來做延伸與發揮，為的就是不破壞走道寬度，可以看到設計師將走道設定在 73.5 公分，不但高於一般走道寬度，人員需轉身、蹲下也都還算足夠。

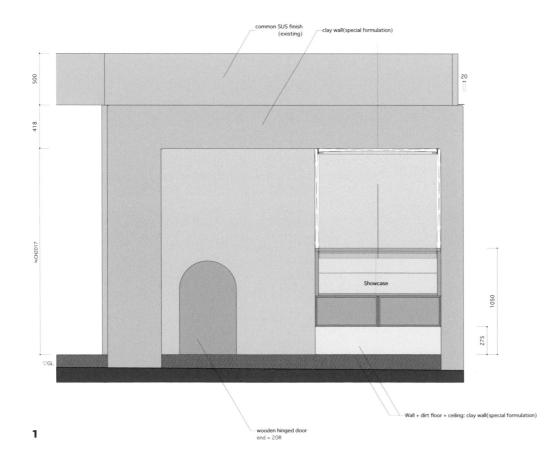

1

**設計
要點**

1. **傳統工藝帶出店鋪獨有日式溫度**　為了讓店鋪外觀不被現代建築給稀釋掉，Koyori 委託水泥工匠以泥土為材料打造質樸的棕色外牆，同時邀請和紙職人畑野渡（Hatano Wataru）手工製作 Kurotani Washi 工藝和紙，搭配栗木進行裝飾，讓整體帶有日式味道之餘，也回應了甜點手工製作的暖心溫度。

2. **把可麗露的幸福滋味展現筆觸中**　為了讓消費者一眼就知道店鋪的銷售主軸，主入口處垂掛著一道印有可麗露的門簾，不用多說，透過視覺圖像就知這是一間專門販售可麗露的甜點店；再者也藉由插畫的色彩與筆觸，加深溫暖與柔和意象，讓走過的人都想上門光顧看一看店內到底有些什麼。

3. **簡約包裝象徵商品的純粹**　考量到購買可麗露的消費者除了自行食用也可能有送禮的需求，因此在外包裝設計上提供單顆小盒的樣式外，另也設計了適合多人享用的盒裝形式，除了盒裝還推出了束口提袋，皆簡單將 LOGO 印於包裝上，延續品牌純粹、有機的本質外，也將日本一貫簡單美好的理念融入其中。

4. **兼具銷售、互動與展示的櫃檯設計**　前場主要規劃為銷售區，設計者刻意做了內縮，除了利於店員站立銷售，大概每次只可以容得下一組客人而已，顧客能細細挑選、店員也能用心接待，讓購物變成一個難忘的回憶。除了甜點之外，品牌還將可麗露以插畫繪製了不少周邊商品，因此在銷售區旁利用牆面做了內嵌式設計，結合層架作為其他商品陳列區。

BEYOND

破圈而出 · 跨域學習

PEOPLE ── 傳統元素結合文青設計，為庶民小吃注入新面貌

王捷生，接替父親小王清湯瓜仔肉與滷肉飯事業，成為第二代經營者，並將原本攤車經營型態改成店面，加入文青風設計元素，轉型為「小王煮瓜」品牌。初掌家業後，除了讓品牌轉型，後續導入識別設計、更新店內裝潢，以此拉近年青人距離，讓客群向下延伸；甚至還於桃園機場設立分店，把傳統小吃的好滋味讓更多人知道。

CROSSOVER ── 整合品牌定位開創餐飲空間新未來

體驗時代下，現代人到餐廳用餐不僅止於口舌之間的滿足，除了餐點本身，對於餐飲空間的要求，除了具美感，還要能夠留下深刻記憶點才是關鍵。本次跨域對談以「整合品牌定位開創餐飲空間新未來」為題，邀請設計師、品牌業主一起進行對談交流，分享他們如何一起透過設計整合品牌精神，創造不同的場景，也為餐飲空間帶來有趣的體驗。

傳統元素結合文青設計，為庶民小吃注入新面貌
小王煮瓜二代＿＿＿王捷生

文｜Joyce　資料暨圖片提供｜小王煮瓜　攝影｜Amily

People Data

王捷生，接替父親小王清湯瓜仔肉與滷肉飯事業，成為第二代經營者，並將原本攤車經營型態改成店面，加入文青風設計元素，轉型為「小王煮瓜」品牌。獲米其林必比登 2020、2021、2022、2023 連續 4 年推薦，2020 台灣滷肉飯節嚴選店家、2023 第一屆 500 碗店家等。

1. 小王煮瓜轉型先將以前負責滷煮的鍋灶移往店內，打開店門空間，並在門口設置一個造型攤車，供客人打卡拍照。

2. 小王煮瓜在桃園機場第二航廈美食區開設分店，讓米其林必比登推薦美食在桃機也吃得到。

連續 4 年獲米其林必比登推薦的小王煮瓜，原名「小王清湯瓜仔肉」，店內招牌的黑金滷肉飯加上清湯瓜仔肉，原是艋舺在地人的美味早餐。初代經營者王明雄人稱「小王」，退伍後在爸爸經營日本料理的攤位旁另起爐灶賣滷肉飯，因雞肉帶骨不方便吃，小王以豬後腿肉取代，將酒家菜中經典的瓜仔雞湯，改良成清湯瓜仔肉湯，成為一大特色。

褐色湯頭與印象中的清湯相去甚遠，入口後卻是喉頭回甘，這是每天熬煮 6 小時的大骨湯底，加上屏東老牌醬瓜罐頭「日光花瓜」，獨門比例兌煮出連米其林都推薦的美味。小王煮瓜捨得用料，桌上老牌飛馬牌黑胡椒就算進貨成本漲價，還是不改品牌，讓客人灑上胡椒粉後，激發出湯頭濃郁香氣，是內行人才知道的吃法。

14 年前，王明雄正式把事業交付給兒子「小小王」王捷生與媳婦羅淑玲。羅淑玲提及，夫妻倆接棒後遭遇幾波危機，先是華西街因當時市長掃蕩八大行業，人潮日漸流失，而後又遇到疫情重挫餐飲業，年初的寶林茶室事件也影響店內必用的胡椒粉供應，加上目前通膨，不僅胡椒粉價格直接漲了一倍，香菇一次進貨也得掏出新台幣 4 萬元現金付款，還有百行百業面臨的人力缺工，「年輕人在疫情期間嚐到做外送的自由，不願再回到餐飲業被綁死的生活。」

面對轉型挑戰，維持口味導入文青風格

羅淑玲苦笑：「工資漲、電費漲，為了讓客人與員工有舒適的冷氣可吹，店內用了三台大噸數冷氣，光是電費一個月就要增加好幾萬。」王捷生跟羅淑玲面對傳承事業，只能「關關難過關關過」。初接家業時，王捷生與羅淑玲秉持兩大原則，最重要是維持住父親傳承的口味，接著要讓品牌轉型，導入識別設計與更新店內裝潢。

「做吃的店，最基本一定是要好吃，才能留住客人。」即便人工成本愈來愈高，王捷生仍堅持清湯瓜仔肉的肉羹，還是得在熱滾滾的鍋前現捏現煮，很多事情都能用機器代替人工，「但這部分是好吃關鍵，絕對要守住父親的經典。」就連配料香菇都不能輕忽，「一換客人就吃得出來跟之前不一樣。」

接班幾年後，羅淑玲心中生出想轉型的念頭，小王煮瓜位在龍蛇雜處的萬華，客人素質不一，若維持攤車小吃店型態，座位數不多，客人常因搶座位大打出手，客群也擴展不開來。身為媳婦的她知道不能躁進，花了好幾年與公婆解釋品牌轉型重要性，不僅是店面改裝，連帶整體的 CIS 識別都需要升級。

LOGO 識別加入二代 Q 版人像，拉近年青人距離

以獲得米其林必比登推介為契機，羅淑玲成功說服長輩以「小王煮瓜」的新名字重新出發，「當時說要轉型，公公很排斥，質疑真的會比較好嗎？我告訴公公，不敢說比較好，但如果希望這個品牌能傳承下去，要懂得改變。」

羅淑玲先更換店面裝潢，將灶台移進室內冷氣空間，營造好的工作環境來留住員工。店內除增加座位數，也以紅、黃、黑、白四色對比色調來吸睛，加上米其林的推波助瀾，成功吸引更多外地與觀光客，目前店內外國客人佔比可達 6 成之多。羅淑玲表示：「店面重新裝潢後，客單價也變高了，年輕人也願意走進來了。」

店面裝潢揉和在地傳統與文青風格，羅淑玲說：「要保有傳統元素但不能過多。」店面攤車上以花瓜罐頭、胡椒粉罐兩大經典配方裝飾，成為拍照打卡造景，也紀念公婆那些年的辛苦過往，不讓長輩覺得忘本。店內以老照片當壁飾打底，滷肉飯碗變成裝飾、以線條為主的燈具象徵筷子，符合小吃主題。

LOGO 設計則以王捷生的 Q 版人像坐在花瓜上，象徵店內招牌清湯瓜仔肉湯，店招上「清湯瓜仔肉」字樣也證明「轉型不是忘本」。疫情時，羅淑玲導入外送平台接單，將平台手續費當成廣告費用，維持店面運營能量，一方面也保住員工工作。疫情後為因應觀光客與後疫情所需，羅淑玲也開發具備八國文字的點餐系統，讓傳統小吃與時代俱進。

傳統小吃導入科技輔助，培養第三代接班準備

另一方面，趁著疫情空檔，羅淑玲也與食品工廠開發出滷肉、清湯瓜仔肉等調理包，進入電商平台販售，也能以台灣傳統小吃特色開發國外訂單。另外建立起 INE 官方帳號，利用自動回覆系統，接外送與公司行號的大筆訂單，銜接實體店面外的通路。這些包括社群、LINE 官方帳號等等，都是王捷生目前就讀大學經營管理系的大女兒處理，順勢讓第三代瞭解經營內容，培養接班準備。

羅淑玲理解餐飲業的經營精髓在人力，對於老員工，她提供相當於鼎泰豐等級的薪水來留住人才，並啟用外籍學生做 Part time 人力庫，「這些學生有的還會四國語言，也願意吃苦，比較麻煩的是考試期間，多因為要唸書不能排班。」至於展店，羅淑玲也有獨到見解，目前唯一一分店開在桃園機場，她認為餐飲業的成本包括店租、工資與裝潢都不是小數目，選擇更能突顯台灣在地傳統的地點，結合滷肉飯這種台灣特色小吃，才能增加成功機率。

3. 重新規劃後的座位區寬敞且動線分明，而店內裝飾以手繪設計的文青風，拉近年輕人距離。4. 店內壁飾以傳統老照片為底，結合設計文字標語，呈現新風格。線條型燈飾結合筷子的隱喻，也能呈現出設計感。5.6. 店面裝飾扣緊小吃主題，以傳統飯碗造成做為牆壁裝飾；另外裝飾加入清湯瓜仔肉的花瓜元素，在地又親近。7. 開放式廚房設計，讓烹煮、盛裝過程更加一目瞭然。

3

4

5	6	7

翻玩傳統元素，結合文青手繪風格

原本在華西街經營的小王清湯瓜仔肉，僅使用文字招牌，走傳統 70、80 年代店招路線。在第二代王捷生接手後，導入品牌識別概念，設計出有王捷生 Q 版人像、靠著湯杓坐在花瓜上的圖案，清楚點出小王煮瓜的重點特色，且口味仍由王捷生掌杓不跑味。花瓜的曲線像是微笑嘴角，是小吃需人和的象徵，並以圖像搭配英文店名 WANG'S BROTH 的呈現方式，讓人一目瞭然，也方便國外觀光客辨識。

店面往後退縮留出空間，設置攤車做為打卡拍照點，增加新客人來訪趣味性，也能延續老客人記憶點，並與華西街一排店家做出區隔。白底手繪風 LOGO 搭配「吃過的人都誇」的好記標語，毛筆字與傳統紅燈籠點出米其林必比登推薦重點，不僅加強在地傳統意象，也有牢記父母白手起家不忘本的意義。

LOGO 設計與店面裝潢，以紅、黃，黑、白四色對比抓住路人目光，老照片點出職人歷史感，輔以年輕口語翻玩傳統元素，將品牌導向年輕化，拓展客源面向，並以在地化特色接軌國際。

8

9   10   8.9.10. 攤車意象點出小吃歷史，利用設計感注入年輕氛圍。

包裝設計分兩種風格，因應不同客層需求

導入品牌觀念後，羅淑玲將外帶包裝設計成兩種不同款式，店面使用的是「台灣在地款」，以 LOGO 手繪風格出發，使用橘、黑兩色搭配，可讓容器較不透光之餘，穩重的顏色也能襯托出黑金滷肉與深色的清湯瓜仔肉色澤，讓食慾大增之餘，也能避開台灣小吃湯湯水水容易顯髒的問題。同時包裝型態貼近台灣平常小吃店使用的尺寸，讓客人有熟悉感，也能讓觀光客外帶回去吃的時候，保有在地特色。

另一款「文青銷售款」的包裝適用於冷凍與常溫商品，主打電商與國外訂單使用。以接近黑金滷肉的咖啡色搭配米色系，加上手繪風格的花瓜圖案，看來亮眼清爽。羅淑玲保持彈性，若有大批訂單，她可以隨客製指定要台灣在地款或是文青銷售款，「有些國外客戶會看客層需求，若想要強調台灣在地傳統風格，也能指定台灣在地款的包裝，這部分我希望能有彈性，把傳統小吃當成餽贈禮物的一種特色。」

11.12.13. 小王煮瓜的包裝設計，可分為橘黑色搭配的台灣在地款與米、咖色系的文青銷售款兩種設計，可突顯店內招牌的黑金滷肉飯與清湯瓜仔肉。

11 12 13

整合品牌定位開創餐飲空間新未來
瑪黑家居洪鈺婷 VS. 十幸制作蔡昀修、陳奕翰

體驗時代下，現代人到餐廳用餐不僅止於口舌之間的滿足，除了餐點本身，對於餐飲空間的要求，除了具美感，還要能夠留下深刻記憶點才是關鍵。本次跨域對談以「整合品牌定位開創餐飲空間新未來」為題，邀請設計師、品牌業主一起進行對談交流，分享他們如何一起透過設計整合品牌精神，創造不同的場景，也為餐飲空間帶來有趣的體驗。

People Data

Marais 瑪黑家居創辦人洪鈺婷。2014 年創辦「Marais 瑪黑家居選物」品牌，從電商出發，再慢慢發展到實體通路，成功打響品牌；2018 年跨足餐飲業，目前有三家店分別為「Lille M Cafe & Restaurant」、「Cantine Marais 瑪黑餐酒」、「Ochre」餐酒館。

People Data

十幸制作 TT DESIGN 共同創辦人蔡昀修（圖右）、十幸制作 TT DESIGN 台北辦公室負責人陳奕翰（圖左）。以開放的態度挖掘空間本質，創造出讓人感到舒適且充滿驚喜的空間。目前在高雄、台北均有設立分公司。

文、整理｜余佩樺　圖片提供｜瑪黑家居、十幸制作 TT DESIGN　攝影｜Amily

1. 兩組與談人就「整合品牌定位開創餐飲空間新未來」議題進行探討。

場景設定不一定是設立打卡牆形式，從行為角度切入反而會讓消費者更有感。

——洪鈺婷

場景在餐飲空間中扮演著極其重要的角色，藉由營造整體氛圍，讓顧客有新的體驗還能感受到品牌理念。本次跨域對談由《i 室設圈｜漂亮家居》總編輯張麗寶擔任主持人，邀請 Marais 瑪黑家居創辦人洪鈺婷、十幸制作 TT DESIGN 共同創辦人蔡昀修及十幸制作 TT DESIGN 台北辦公室負責人陳奕翰，從各自的角度分享如何整合想法與設計，共同營造出豐富多樣的用餐感受。

設計連結行為，加深空間場景印象

《i 室設圈｜漂亮家居》總編輯張麗寶（以下簡稱 ♪）：餐廳場景行銷盛行，請分享令您印象深刻且品牌性很強的餐飲空間？

Marais 瑪黑家居創辦人洪鈺婷（以下簡稱洪）：工作緣故，每年都會飛一趟法國巴黎，也會在當地尋找一些想嘗試的餐廳。有一間位於羅浮宮外圍的一家義大利菜餐廳「Loulou Restaurants」特別讓我印象深刻，連續三年都去光顧。比起那種拘謹的用餐方式，能在輕鬆的氛圍下用餐，反而更適合我自己；剛好「Loulou Restaurants」的空間設計一半室內、一半戶外，戶外空間完全開放，彷彿讓你置身於義大利或南法的感覺，能自在地享受美食、歡樂交談；更令人驚喜的是，餐廳旁邊還有一片草地，吃完飯後，我們會拿一杯酒跑到草地上坐著，一邊繼續聊天、一邊眺望著巴黎鐵塔，餐廳的場景已從室內連到戶外，甚至還能走出戶外做更近距離的體驗，令我難忘。

2. 在「Ochre」的用餐環境裡，依然能體驗到選自 Marais 瑪黑家居的家具與配飾。

圖片提供｜Ochre

3. 「Cantine Marais 瑪黑餐酒」餐廳與選物店出入動線是分開的，但同樣藉由內部動線串聯讓兩者連結；此餐廳同樣由本事空間製作所操刀。

十幸制作 TT DESIGN 台北辦公室負責人陳奕翰（以下簡稱陳）：身為設計師，尤其涉及餐飲空間設計相關，無論員工聚餐還是個人探訪，每個月幾乎都會去探索新開的餐廳，藉此體驗他們的美食、空間設計以及服務，既能為創作帶來靈感，還有助於將顧客體驗融入設計中。最近就在台北市龍江街發現了一家名為「WOK by OBOND」的餐廳，這是一間以炒鍋為主題的中式精緻料理。令我印象深刻的是可從入店前到入店後明確地感受到這家餐廳的特色。先是入口設計，在 LOGO 上方蓋了一個鍋子，接著推開門準備進入店，這時會先看到一扇小窗，透過這扇窗則會看到廚師們正在翻動炒鍋的忙碌動態，這其實已功成地將店名和空間設計產生連結；再進到餐廳內部，裝潢選材到用色融入了傳統中式元素，如偏中式紅、深色木紋等，共同營造出一種復古的中式氛圍，這樣的整體設計，明確地傳達了品牌理念，也讓人印象深刻。

十幸制作 TT DESIGN 共同創辦人蔡昀修（以下簡稱蔡）：最近帶著員工去了韓國員工旅遊，讓我印象深刻的是一間由建築事務所打造的咖啡廳酒吧「maha hannam」，它位於一棟廢棄澡堂建築物的四樓，經由建築師重新改造後成了一個新的空間。正因為是建築師所開設，從設計到家具擺設，完全按照建築師的設計思路，最特別的是建築師的辦公室、材料室也隸屬於咖啡廳酒吧裡，來到這的人除了感受到建築師的美學理念外，還能體驗到建築師做設計和思考的方式。再者他們的餐點都具備互動環節，餐點可能會分成兩到三個步驟，但最後一道程序會留給顧客，像是當店員在送上甜點時，會連同醬汁一起出餐，消費者食用時再自行淋上，醬汁淋上後盤中才會出現 LOGO 驚喜。這樣的設計其實已在轉化

所謂的場景形式，不再只是以美觀的裝飾牆或打卡牆創造場景、傳達品牌力，反而是透過行動、互動來感受品牌的獨特魅力。

從自身角度出發，對場景行銷下不同註解

⟩：就各自角度又是如何看待餐廳空間的場景式行銷？

洪：我自己屬於吃飯不拍照、純粹享受當下美食的人，所以在思考目前這三間餐廳的設計理念時，就是從營造整體氛圍和體驗感受出發，不特別去設計出一個打卡點，而是希望當消費者從踏入餐廳的那一刻起，便能感受到氛圍的完整性，並沉浸其中好好享受美食。我也認同剛剛昀修所言，場景設定不一定是設立打卡牆形式，從行為角度切入反而會讓消費者更有感。至於拍照，我認為這應該是回歸於個人喜好，可以自由地選擇想要拍攝的菜品、桌面或是環境裡的小細節。

蔡：我和團隊都是建築愛好者，始終認為好的建築，只要透過本身的光影、量體自然就會為這個空間帶出美感或空間感，即使沒有特意設計打卡點，仍有機會被拍出許多美麗的角落。這也是我們一直秉持的信念，思考空間時並不會刻意去製造一個打卡牆，反而想藉由創造出一個完整的設計場域和氛圍營造，勾起人們想要拍照打卡的慾望。當然要設計打卡牆也並非不允許，但我希望它除了打卡功能，還能兼具第二項機能，像是打卡牆的背後是一個服務性空間，這樣的設計成立更具意義，也才能展現它存在的價值。

品牌必須重視「形象」的一致
性與連結性，才能在市場上展
現一定的完整性和成熟度。

——陳奕翰

攝影｜十幸制作 TT DESIGN

4.5. 十幸制作 TT DESIGN 設計「Local Local Coffee 咖啡
再地」時選擇從品牌色延伸創造出藍色批土牆，讓設計能與品
牌真正產生連結。

陳：我屬於去餐廳吃飯一定要拍照的一個人，喜歡把每個精
彩的瞬間留存下來，並樂於在社群平台上分享。這不僅是個
人的喜好，也反映了我以社群角度面對設計工作的思維。像
是在設計「Local Local Coffee 咖啡再地」時，不刻意去
創造一個炫耀打卡的牆面或空間，反而是更注重整體的品牌
氛圍和空間感，有別於一般白色的批土牆形式，選擇從品牌
色延伸創造出藍色批土牆，這樣做，不僅可以以在社群上建
立一致的視覺形象，也能增強品牌的可識別性和連貫性。

比起盲目追隨場景，更看重品牌核心與市場定位

𝄐：當場景行銷變成一種趨勢，又如何在設計與成本間找到
平衡？

洪：說實話，在台灣中間的市場選擇性非常少，所以自創立
Marais 瑪黑家居以來，我們便以此為目標，提供消費者更多
更好的品味選擇。同樣面對餐廳的經營亦是，希望提供顧客
能在一個舒適且經過設計的環境下享受美食，而不是只能在
高檔餐廳或路邊攤之間做選擇。當然，空間經過設計勢必會
增加成本，但不一定得要做到非常豪華的程度，才能讓消費
享受到好的用餐體驗，如同前面所討論到，賦予用餐更多的
儀式感和目的性，既能創造出令人愉快的餐飲空間，亦能在
設計與成本之間找到一個平衡點。

蔡：場景式的餐飲空間不斷湧現下，的確會有業主希望提高
設計的亮點，但同時又有預算限制的考量。作為設計師，我
們不僅僅是提供設計，更是業主的夥伴，必須幫他們設想到

經營回報率的問題。當面臨預算有限下,會先選擇回到品牌的核心精神做思考,從中找出適合的建材或平衡的設計來達到理想的效果,這也是為什麼我們有不少空間在完成後,給人一種未完成的感覺,縱然是直接呈現水泥粗胚的模樣,或全部使用矽酸鈣板作為牆面,它既能遵循品牌精神,同時也能確保在有限的預算內創造出最好的設計效果。

了解品牌形象,從而決定設計調性

♪:就各自角度分享如何思考一間餐廳的品牌定位、設計、服務與體驗?

洪:我們很清楚多數顧客是因為信任 Marais 瑪黑家居、喜歡選物而來,因此在開設餐廳時,就知道要延續品牌的選物精神,所以「Lille M Cafe & Restaurant」結合餐飲與選物店,讓顧客在選逛的同時,還能有一處空間坐下來聊天、吃東西;相較於首間店的成功,第二間「Cantine Marais 瑪黑餐酒」雖說也遵循相同模式,不過敦南店不只提高家具傢飾商品佔比,亦提供更貼近生活空間的各種提案;第三間「Ochre」餐酒館受限於空間大小的關係,則是創造出在美好的用餐環境裡,依舊能感受到 Marais 瑪黑家居的家具與配飾。不可否認空間本身的條件,對於其後續的設計、所提供之服務與體驗,皆有著一定的影響。像「Lille M Cafe & Restaurant」本身空間挑高、加上有整面落地窗,使得採光非常好,呈現的是全開放式的復合空間,因「Cantine Marais 瑪黑餐酒」的餐廳與門市出入口各有所別,於是選擇將兩個場域保持各自獨立,同時又能夠在空間上有所連結,

使消費者能夠方便地從用餐轉向購物,或者反之,讓消費者能在同一空間內找到適合自己的消費體驗。至於在空間設計上,餐廳與選物分別交由不同的設計公司來做規劃,以確保每個場域都能夠突顯其特色,同時整體上又能兼顧一致性。

陳:一間餐廳最重要的還是食物與服務,這也是我常跟業主說的,空間設計只是幫你的餐廳加分,但最終核心還是要把食物與服務做到位。再者,我也認為品牌必須重視「形象」的一致性與連結性,從空間設計、甚至到顧客走進店裡的感覺,都必須與社群媒體上的品牌形象一致或是有關聯性,這樣做既能確保品牌形象的完整性,也能在市場上展現一定的成熟度。所以,現在在執行案子時,會積極推動空間與品牌的連結,努力讓彼此能緊密結合,減少各自獨立運作的機會,以避免空間和品牌的整體形象出現不協調的情況。

蔡:空間條件其實也會直接響服務與體驗,曾經遇過一位業主因租得空間過小,直到真正開店使用後才發現到其餐點非常豐富,導致上菜時桌面呈現凌亂。自從那次經驗後,現在在規劃前都會深入了解業主經營品項、餐點大小、擺盤方式等,進而借助設計一同讓服務、體驗變得好。除此之外,現在我們不僅僅是設計空間,還幫助業主重新發現並強化他們的品牌定位與概念,像是自烘豆起家的「神諭咖啡」,本身對於咖啡製作過程非常重視,於是我們設計了一個櫃檯,好讓消費者能夠看到整個咖啡製作的過程,同時在櫃檯後方設置了一面光牆,突顯了咖啡師的形象。這樣的設計不僅強化了品牌自身特色,也為消費者提供了更好的體驗。

空間設計與品牌設計合作是未
來的趨勢,整體呈現上才會更
趨於完整。

———蔡昀修

6.「神諭咖啡」中設計了一個櫃檯,既能成為咖啡師的展演
舞臺,也藉由體現咖啡製程強化品牌特色,同時帶給顧客不同
的體驗。

6

從核心本質展現品牌各自的特色

丿:現今餐飲已走向集團化,各自又是如何突顯各個品牌的
設計的走向?

洪:目前餐飲的經營策略是以餐系做區分,一個是餐酒系列,
另一個是早午餐和歐陸輕食系列。這兩大餐系,餐點呈現方式
不同,且各自在市場上有所屬的消費者,因此會朝這兩大餐系
品牌進行複製和擴展,各自的品牌精神和定位明確,接下來
的發展就不會出現偏差。再者,我們還有一個優勢,那就是
Marais 瑪黑家居本身的選物背景,盡可能讓餐飲品牌能夠採
用旗下的商品,以確保空間視覺美感達到一定的水準,亦能提
升品牌形象也讓顧客有更完整的體驗。

蔡:最近遇到業主在推動集團化的過程中,希望能打造一間旗
艦店作為範例,這間素食餐廳計畫開設一間結合酒吧的旗艦
店,提供素食與酒精飲品的服務,讓素食者也能享受放鬆和飲
酒的樂趣。設計前做了分析,發現到選擇素食的年齡層正在下
降,且過去素食常被視為宗教行為,但現在它已經成為一種代
有環保意識的趨勢,於是我們重新定位素食的定義,使之能與
酒吧元素完美結合,並迎合年輕一代的需求和偏好;同樣的,

圖片提供│十幸制作 TT DESIGN

7. 整個空間中咖啡師成為主角，讓到訪的客人能更聚焦在咖啡、咖啡師以及製作過程上。

7

空間設計亦圍繞著年輕和活力展開，打造出一個充滿生氣的場所。這時設計介入不僅僅是空間規劃，還包括品牌的重新定位，得先回溯原本空間的特色和主題，才能讓旗艦店做出區隔。

陳：在邁向集團化的過程中，首先應該重新定位品牌，使其能夠涵括所有的不同子品牌。這並非意指要改變品牌的原本精神，而是要在原本的精神之中加入一些輔助說明，好讓品牌更加完整和具體。像我們的做法是會與品牌設計公司密切合作，在重新定位品牌後，設計出新的標誌和空間，透過彼此協作才能讓品牌定位更加清晰、甚至具體。

多元團隊協作激盪出創意火花

♪：就各自的角度分享如何與不同團隊合作？

洪：即便零售、餐飲品牌皆隸屬於同一家公司，但光是負責同事，在看待事物的角度上，就已是完全不同。因此，零售與餐飲也選擇跟不同的設計師合作，為的就是希望能藉由不同的團隊，幫助我們從不同的角度去看待問題，進而一同找出最佳設計方案或解決方案。在與不同團隊合作的過程中，

我會希望彼此是能激盪出火花的，甚至有激辯也是好的，因為這樣也才能夠激發我們從另外一個角度重新思考事情。

陳：陸續和品牌公司合作過後，發現到品牌應立於空間之上，原因在於當品牌定位清楚、概念明確，後續再與空間設計進行整合時，就會相對容易得多。陸續和品牌公司合作已有4、5個案子，在這過程中有趣的是，可以學習從品牌思維再導入空間，而不是以一般熟悉的空間邏輯去思考空間，像是品牌方他們更看重像是社群媒體的經營，便會在意視覺上的呈現，空間設計師如果只是按自己的方式思考空間，那最終出來的設計其實就會失衡。所以在與不同團隊合作的過程裡，彼此要一直去磨合到最平衡的狀態，才能讓最終的設計結果是更為貼近。

蔡：空間設計與品牌設計合作是未來的趨勢，整體呈現上才會更趨於完整。不可否認在與不同團隊合作時，難免會有意見分歧的時候，但這時我們會聽聽對方的想法，再去找出適合的設計方式。就好比對方希望讓LOGO重覆在空間出現，想透過不斷出現、放送方式，加強消費者對品牌的印象，但對空間設計師而言空間本身已充滿魅力，轉而用這個角度和對方溝通，在相互的設計訴求中尋求平衡。

ACTIVITY

市場脈動・產業交流

EVENT —— 2024 英國倫敦蛇形藝廊展，融入環境的星狀建築群島

建築界中引起廣泛的討論的臨時展館計畫——蛇形藝廊（Serpentine Gallery）位處英國倫敦肯辛頓花園（Kensington Gardons）。自 2000 年夏季開始，每年都會邀請世界各國建築團隊，在藝廊前面打造「蛇形藝廊主題館」（Serpentine Gallery Pavilion），為藝廊帶來的不同的空間感受。2024 年由來自韓國的建築師 Minsuk Cho（曹敏碩）及其事務所 Mass Studies 被選中設計第二十三座蛇形藝廊主題館，他以「群島空隙（Archipelagic Void）」為概念，意旨在一個開放空間周圍設置五座「島嶼」，使建築宛如星芒狀一般，也讓無限可能自鏤空中心往外發散。

EVENT —— 2024 城市美學展《城市解方》，探索公共場域最佳解方

由經濟部產業發展署主辦、台灣設計研究院執行的「城市美學－公共場域設計共創」計畫，搭建起發展策略的共創平台，與城市美學專家小組、跨域設計團隊建構「解題網」，期待集眾人智慧改造中央機關及地方政府所提出的公共空間，讓城市的未來更美好、亦貼近人們的生活。本次推出《城市解方－找出公共場域的最佳解》展覽，揭示 2023 年在 10 個縣市的 14 個改造案例，以城市地標、休憩據點、服務空間、旅運節點四大公共場域再造為議題，透過創新模式，實質改變台灣城市的生活空間。

2024 英國倫敦蛇形藝廊展
融入環境的星狀建築群島

建築界中引起廣泛的討論的臨時展館計畫——蛇形藝廊（Serpentine Gallery）位處英國倫敦肯辛頓花園（Kensington Gardons），自 2000 年夏季開始，每年都會邀請世界各國建築團隊，在藝廊前面打造「蛇形藝廊主題館」（Serpentine Gallery Pavilion），為藝廊帶來的不同的空間感受。2024 年由來自韓國的建築師 Minsuk Cho（曹敏碩）及其事務所 Mass Studies 被選中設計第二十三座蛇形藝廊主題館，他以「群島空隙（Archipelagic Void）」為概念，在一個開放空間周圍設置五座「島嶼」，使建築宛如星芒狀一般，也讓無限可能自鏤空中心往外發散，此展自 6 月 7 日展出至 10 月 27 日。

文、整理｜余佩樺　資料暨圖片提供｜Serpentine Gallery

首位獲邀設計蛇形館的韓國籍建築師

這項臨時建築展館計畫，迄今已邀得 Zaha Hadid（札哈‧哈蒂）、Rem Koolhaas（雷姆‧庫哈斯）、Frank O.Gehry（法蘭克‧蓋瑞）、MVRDV、Bjarke Ingels、Toyo Ito（伊東豐雄）、Kazuyo Sejima + Ryue Nishizawa（妹島和世＋西澤立衛）、Sou Fujimoto（藤本壯介）、石上純也⋯⋯等知名建築師操刀設計，為每年夏季的蛇形藝廊帶來不同的空間感受。

今年擔綱的 Minsuk Cho 曾在紐約的 OMA 事務所工作，並在 2003 年回到韓國首爾創辦了自己的建築事務所—— Mass Studies。其設計理念強調建築與周圍環境、文化背景和社會需求的緊密結合，並致力於創造既具有功能性又具有美學價值的建築空間，透過探索材料、結構和空間的多樣性，來實現獨特的建築體驗。

從韓國傳統庭院文化出發，找出設計的創新性

蛇形藝廊主題館自 2000 年由已故建築大師 Zaha Hadid（札哈‧哈蒂）設計第一個展館以來，今年已是第二十三座展館。回顧蛇形畫廊以往的展館歷史，Minsuk Cho 發現到，過去展館多半都是以單一的結構形式，出現在蛇形畫廊南草坪的中心。為了探索新的可能性和過去從未嘗試過的空間敘事手法，他將建築重心從過去的場地中心移開，並設計成一個開放空間，以實現新的可能性和敘事效果。

Minsuk Cho 以「群島空隙（Archipelagic Void）」概念做回應，意旨在一個開放空間周圍設置五座「島嶼」，這個概念源自於韓國傳統房屋中的小庭院，從最初承載個人日常

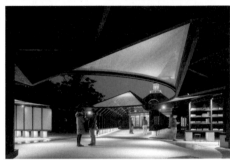

圖片提供│Serpentine Gallery

活動,進而到容納各式各樣豐富的大型集體活動。基本上可以將這個展館想像成是模組化的形式,由這些具有特定功能的單獨「島嶼」結構所構成,每個島嶼有各自的命名,且提供不同的功能服務,包括:畫廊、禮堂、圖書館、茶室、遊戲塔等,當然「島嶼」也可作為一個連續的單元組合在一起,讓更多活動與可能性在此發生。

建築呈現星芒狀,無限可能自鏤空中心往外發散

各個「島嶼」由鋼環連接,中心形成一個圓形天窗,以引入大量自然光,由上往下俯視,這些「島嶼」也像是從圓形空隙向外延伸,宛如星芒一般。空間沒有做太多的隔屏,為的就是要人走進其中時,能真切地感受到建築物與自然環境融為一體的和諧氛圍。

Minsuk Cho 將各個「島嶼」定義為「內容機器(Content Machines)」,意旨各自賦予並提供不同的功能。「畫廊(The Gallery)」展出音樂兼作曲家張永圭的創作,他將在肯辛頓花園中所收集到的自然與人類活動的聲音,結合韓國傳統聲樂和樂器,做了新的呈現,也記錄下當地季節變遷的一切。北側是「未讀圖書館(The Library of Unread Books)」出自藝術家 Heman Chong 之作,集結所有捐贈書籍,讓知識閱讀可以做到真正「分享」的概念。

五座「島與」中,最大的結構就是「禮堂(The Auditorium)」,禮堂內設有長椅,可作為公眾聚會、表演等場所。另外,為了向蛇形藝廊的歷史致敬,Minsuk Cho 將「茶館(The Tea House)」納入了蛇形藝廊主題館的東側;至於在東南方向一個金字塔結構並配有鮮明橙色網繩的設計,則定義為「遊戲塔(The Play Tower)」,供遊客攀爬、遊戲和各式玩樂互動。

1. 第二十三座蛇形藝廊主題館(Serpentine Pavilion)由韓國籍建築師 Minsuk Cho(曹敏碩)擔綱設計。2.3. 今年的蛇形藝廊主題館由 5 座「島嶼」所組成,各自提供不同的功能。

1	
2	3

2024 城市美學展《城市解方》
探索公共場域最佳解方

由經濟部產業發展署主辦、台灣設計研究院執行的「城市美學－公共場域設計共創」計畫，搭建起發展策略的共創平台，與城市美學專家小組、跨域設計團隊建構「解題網」，期待集眾人智慧改造中央機關及地方政府所提出的公共空間，讓城市的未來更美好、亦貼近人們的生活。推出《城市解方－找出公共場域的最佳解》展覽，揭示 2023 年在 10 個縣市的 14 個改造案例，以城市地標、休憩據點、服務空間、旅運節點四大公共場域再造為議題，透過創新模式，實質改變台灣城市的生活空間。

文、整理｜余佩樺　資料暨圖片提供｜台灣設計研究院、Üroborus Studiolab ／共序工事

集結眾人智慧，一起讓你我生活環境更好

公共場域，不僅屬於個人，更屬於全體國民。然而有些公共空間、設施在設置時，未考量到所有可能的使用者體驗，甚至原先的立意良善，也可能隨著時空條件的變化，而不符合當代需求。由於這些場域匯聚了眾人的需求與期待，它的改變既不能專斷獨行，也難以迅速解決，設計上勢必經過細心考量及研究調查，涵蓋環境、人口、生態、建築、景觀等多方面因素，以全面分析問題的方式，納入更多利害關係人的意見，探討各種可能性，以找到城市發展的最佳解方。由經濟部產業發展署主辦、台灣設計研究院執行的「城市美學－公共場域設計共創」計畫，正是為了實現這一目標，搭建了一個共創平台，集結了機關、專家小組和跨域設計團隊，共同建立了一個「解題網」，集專家、大眾等眾人智慧一起改造屬於全民的公共空間，以讓你我生活的城市環境更美好。

四大展區呈現未來城市發展的思考

本次推出以《城市解方－找出公共場域的最佳解》為主題的展覽，聚焦於城市地標、休憩據點、服務空間、旅運節點四大公共場域的再造議題。由一起設計 Atelier Let's 總監辜達齊擔任策展人，辜達齊將展覽規劃為四大區域，以利參觀者能夠全面了解城市美學計畫的願景與實踐。

第一展區由大小不同、象徵 Design 的「D」型展示平台構成，並結合聳立的展牆模擬城市意象。這些展示平台與展牆巧妙地引導觀者穿梭其中，深入理解城市美學計畫的初衷與運作機制，感受設計與城市的融合之美。第二展區由參與計畫的合作機構與專家代表，針對四大公共場域再造議題發表見解與期待。此區展現出各方對於公共場域未來樣態的理想藍圖，激發對未來城市發展的思考。

圖片提供｜台灣設計研究院、Üroborus Studiolab ／共序工事

第三展區則展示 14 個改造案例，匯集 85 組跨領域團隊的專業知識，提出 14 種城市進化的最佳解方。這些案例展示了各種創新與實用的城市改造方案，呈現出城市美學計畫在實踐中的多樣可能性。第四展區「眾願所歸：場域改造許願池」，延續計畫的共創精神，設立這個區域邀請民眾參與公共空間改造的許願活動。參觀者可以在這裡留下對城市未來的美好願望，集思廣益，共同打造更美好的城市空間。

城市美學第一棒，從陶博館商店出發提升服務再造品牌

目前 14 個改造案例中，首度完成的項目為「新北市府博物館入口服務空間改造」。鶯歌陶瓷博物館（以下簡稱陶博館）自 2000 年開館以來，致力於陶瓷文化的推廣，未來將與新北市立美術館形成雙館磁吸效應，促進三鶯地區的藝文觀光發展。

然與一般博物館不同之處，陶博館的建築形式以清水模和鋼骨呈現的灰色系外觀，空間挑高及大面積的玻璃帷幕，讓室內的陶藝展品隨著陽光的變化，呈現出豐富的質感與面貌，建築本體極具開放性與通透性。然而，這也為陶博館的運營管理帶來了挑戰，如售票動線和管制點的設置。因此，透過此次城市美學計畫，進行了陶博館深入的研究調查和當代博物館的國際趨勢分析，對於陶博館短中長期擬定了願景藍圖及設計策略，短期目標是改善入口大廳的第一線服務與售票動線，以及重塑文化商店品牌、提升藝術品與商品陳列的多樣性及豐富性；長期目標則朝向更開放的公共空間、提升公共性的方向發展，讓陶博館成為市民的文化客廳，成為推動地區文化發展的重要基地。

1. 第一展區是由大小不同、象徵 Design 的「D」型平台構成。2.3. 以互動式展版呈現 14 個改造案的設計構想與改造策略。4. 改造後的陶博館文化商店採用移動式櫃體，商品陳列可依照檔期企劃呼應空間種種漸進式色系設定作彈性調配。

1	
2	3
4	

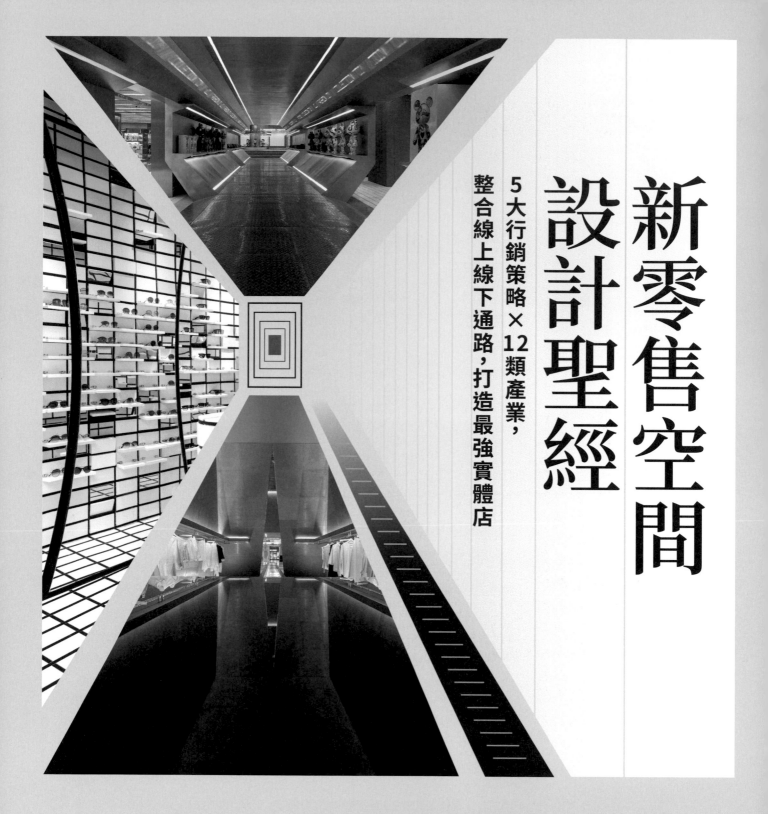

新零售空間設計聖經

設計聖經

5大行銷策略×12類產業，
整合線上線下通路，打造最強實體店

- 擁抱全新場景設計，讓體驗滲透銷售行為，創造與顧客新的接觸點。
- 掌握動線延長顧客停留時間，善用燈光與陳列激發直接帶走的慾望。
- 利用數據找新甜頭、扣合Live直播與短影音拍攝，圈粉提高黏著度。
- 整合資源提供銷售以外的其他服務，為停留經濟帶動更多消費可能。

歡迎至誠品書店、博客來、momo等通路購買

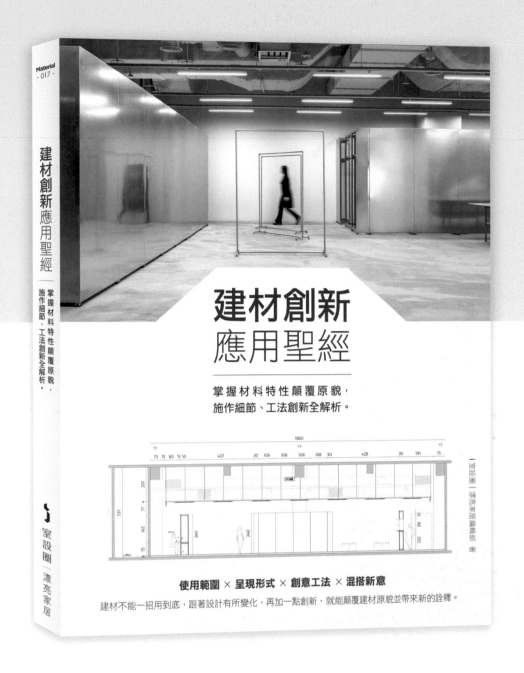

6 類常見建材應用：金屬．木素材．磚材．石材．玻璃．特殊材

4 大創新必學工法：使用範圍 × 呈現形式 × 創意工法 × 混搭新意

350 張圖片＋立面詳圖解析：深入拆解設計細節與施作規範，掌握重要技巧

室設圈
漂亮家居

06 期，2024 年 7 月

訂閱方案

2024 餐飲空間設計特集

定價 NT. 599 元　特價 NT. 499 元

方案一　訂閱 4 期

優惠價 NT. **1,888** 元　（總價值 NT. 2,396 元）

方案二　訂閱 8 期

優惠價 NT. **3,688** 元　（總價值 NT. 4,792 元）

方案三　訂閱 12 期加贈 2 期

優惠價 NT. **6,188** 元　（總價值 NT. 8,386 元）

· 如需掛號寄送，每期需另加收 20 元郵資。本優惠方案僅限台灣地區訂戶訂閱使用。· 郵政劃撥帳號：19833516，戶名：英屬蓋曼群島商家庭傳媒股份有限公司 城邦分公司

我是 □ 新訂戶 □ 舊訂戶，訂戶編號：

起訂年月：　　　年　　月起

收件人姓名：

身份證字號：

出生日期：西元　　年　　月　　日　性別：□男　□女

聯絡電話：（日）　　　　　（夜）

手機：

E-mail：

收件地址：□□□

婚姻：□已婚　□未婚

職業：□軍公教　□資訊業　□電子業　□金融業　□製造業
　　　□服務業　□傳播業　□貿易業　□學生　□其他

職稱：□負責人　□高階主管　□中階主管　□一般員工
　　　□學生　□其他

學歷：□國中以下　□高中/職　□大學專科　□碩士以上

個人年收入：□ 25萬以下　□ 25～50萬　□ 50～75萬
　　　　　　□75～100萬　□ 100～125萬　□ 125萬以上

我選擇用信用卡付款：□ VISA　□ MASTER　□ JCB

訂閱總金額：

持卡人簽名：　　　　　　　　　　（須與信用卡一致）

信用卡號：　　　—　　　—　　　—

有效期限：西元　　　年　　　月

發卡銀行：

我選擇

□ 方案一　訂閱《 i 室設圈｜漂亮家居》4期
　　　　　優惠價NT. 1,888元 (總價值NT. 2,396元)

□ 方案二　訂閱《 i 室設圈｜漂亮家居》8期
　　　　　優惠價NT. 3,688元 (總價值NT. 4,792元)

□ 方案三　訂閱《 i 室設圈｜漂亮家居》12+2期
　　　　　優惠價NT. 6,188元 (總價值NT. 8,386元)

詳細填妥後沿虛線剪下，直接傳真（請放大），或黏貼後寄回。
如需開立三聯式發票請另註明統一編號、抬頭。
您將會在寄出三週內收到發票。本公司保留接受訂單與否的權利。
★24小時傳真熱線（02）2517-0999（02）2517-9666
★免付費服務專線 0800-020-299
★服務時間（週一～週五）AM9:30～PM18:00
歡迎使用線上訂閱，快速又便利！城邦出版集團客服網 http://service.cph.com.tw

注意事項：1. 主辦單位保留贈品變更之權利。2. 受贈者不得要求贈品轉換、折讓或折抵現金。3. 活動時間至 2024 年 9 月 30 日止。
4. 本訂閱方案僅限台灣地區收件者，贈品體積不適用郵政信箱。5. 客服專線：0800-020-299。